# 和路邊的野鳥做朋友

新裝版

川上和人／監修
川上和人&
三上可都良&
川嶋隆義／合著
松田佑香／繪
陳幼雯／譯

# 前言

閱讀圖鑑的時候，我們很容易誤以為自己已經了解鳥類的一切了，但是這真的只是錯覺——一個編圖鑑的鳥類學者都這樣說了，包准不會有錯。鳥類在天空自由翱翔，我們不可能掌握牠們生活的全貌，即便是觸手可及的麻雀或燕子，至今依然充滿了謎團。

因此，認識鳥的方式除了「觀賞」、「飼養」之外，還有「思考」這一路，而研究就是「思考」的一種，透過假說、實驗、觀察去思考鳥類的「未解之謎」是充滿樂趣的。這本書有一半都是在介紹這樣子的研究結果，剩下一半的內容中，松田佑香老師賦予不說人話的鳥類生動又鮮明的台詞，這也是「思考」的一種。

希望各位和我們能一起樂在這兩種「思考」的過程裡頭，相信這樣未來在遇到鳥類的時候，就能夠以不同於過往的觀點來看待牠們了，你可以想像牠們行為的動機，也可以為牠們配上台詞，但願本書能成為這樣的入門磚。

鳥類學家 川上和人

# 漫畫家　松田佑香

大家好，我姓松田，真的是萬萬沒想到能和川上和人老師成為共同作者！這次的邀約實在是無上的光榮，令我完全不勝負荷，在接到邀約後，我一直處於欣喜若狂、瞠目結舌、面無血色這種對心臟很不好的狀態，終於也走到了今天。

其實我本來就是因為拜讀了川上老師家戶喻曉的名著《鳥類学者 無謀にも恐竜を語る》（鳥類學者，有勇無謀地來談恐龍）受到極大的影響，才會寫出拙作《始祖鳥ちゃん》（始祖鳥），也就是說，我一直都是單方面受到老師的啟發，他對我來說實在很偉大。

諸位偉大的老師每一天都在進行鳥類的研究，每次看到他們那些令人動容的研究成果，我都會有一股神祕的衝動，覺得「我一定要把這麼有趣的『鳥事』推廣到全世界」，要是這種衝動最終為生物和各位讀者之間搭建起橋樑，那就是最令我喜悅的一件事了。

因此，我也希望本書能以淺顯易懂、又怪又有趣的方式，帶領世人進入不為人知的鳥世界，希望你們能輕輕鬆鬆看得開心。

# 鳥類圖鑑

## 麻雀

只要講到常見的小型鳥，
任何人都會想到
這隻城市野鳥的代表，
臉頰的黑色鬢角
是牠的個人商標，
常常在地面上跳來跳去。

## 綠繡眼[1]

最令人印象深刻的
是鮮豔的綠
與眼睛周圍的白框，
最喜歡花蜜，
仔細看，可以發現
牠眼神淩厲、鳥喙尖銳，
是種野性十足的鳥。

## 家燕

在繁殖期
會來到日本的夏候鳥，
能夠輕盈快速地飛翔，
在空中捕食飛行的昆蟲，
喜歡在人類住家附近築巢，
是春夏的代表性鳥類。

## 白頰山雀

黑頭白頰，
在樹枝與樹枝間
匆忙地飛來飛去，
是很靈巧的一種小型鳥，
雄鳥的領帶粗，
雌鳥的領帶細，
毛色很典雅，
背上還有漂亮的橄欖色羽毛。

## 灰椋鳥

身體偏黑，
鳥喙黃，
在田地或草地中
一步步行走覓食，
會吱吱喳喳成群結隊
返回歇息處。

## 棕耳鵯

一頭蓬鬆亂髮，
臉頰帶有紅暈，
體型偏大，
嗓門也偏大，
有時候很嘈雜，
所以也讓其他小型鳥
不勝其擾？
但是牠們應該沒有惡意啦。

## 巨嘴鴉

從山林進軍到
都市的大型鳥類，
外表看起來是黑衣暴徒，
實際上也確實是。
學習能力強，
記憶力也好。
額頭隆起，鳥喙粗。

## 小嘴烏鴉

棲息地比較偏向郊區，
在農地與河邊很常見，
鳥喙比巨嘴鴉細，
體型也比較小。
比起跳躍，
在陸地上更偏好用走的。

1 因爲分類變動的關係，分布於日本和菲律賓的綠繡眼目前已改爲「日菲繡眼」（Zosterops japonica），台灣的則改爲「斯氏繡眼」（Zosterops simplex）。考量一般讀者不熟悉鳥類分類變動，本書仍以「綠繡眼」稱之。

## 遊隼

讓小型鳥畏懼的高速獵人，
直接在斷崖岩棚的
凹陷處生蛋，
築巢的選擇相當狂野，
然而牠們的親戚竟然是……

## 花嘴鴨

日本全年可見的鴨子，
鳥喙前端的一點黃
是牠的個人商標，
只要有水，
無論是河邊或池塘
都可以看到牠們，
是水邊的鄰居。

## 野鴿

又名家鴿，
原本是中東、非洲
和歐洲的野鴿，
在家畜化之後又再次野生化。
很久以前就來到日本，
是外來種，
在車站前或公園為多數派，
一年到頭都在談戀愛。

## 金背鳩

通常是單獨出現或成對在一起。
會發出「嗚、嗚、咕——咕——」
的叫聲，相當有威嚴。
頸部藍灰色的鱗片花紋非常美麗，
有時起飛會發出「噗」的叫聲，
態度總是光明磊落，
感覺氣度不凡。

## 小白鷺

冠羽從頭頂延伸，
胸部與背部的飾羽相當優雅，
在河川上的動作也很有氣質。

## 紅頭伯勞

彎勾型的鳥喙是肉食動物的證據，偶爾也會攻擊小型鳥，是種小型的猛禽。

## 大斑啄木

以黑、白、紅三色構成的典雅啄木鳥，只有雄鳥的後腦杓是紅色的。

## 大杜鵑

夏季的候鳥，牠們爽朗響亮的叫聲，對托卵對象而言也許是惡魔的歌聲。

## 翠鳥

高速飛行、懸停後潛水捕捉小魚，是水邊數一數二的明星。

## 小鸊鷉

常被稱為小鴨子，但是其實牠們是不同種的鳥類。屁股很可愛，是潛水高手。

## 丹氏鸕鷀

黑色鳥身，大型的水邊鳥類，顏色與普通鸕鷀不同。是岐阜縣長良川知名的獵香魚高手[2]。

## 日本樹鶯

外表樸實，鳴唱聲卻婉轉悅耳，是日本春天的象徵。

## 蒼鷹

烏鴉般大的老鷹，在繁殖期會高聲「吱——吱、吱、吱」叫，最愛吃的就是鳥類。

2 以前是一種漁業活動，丹氏鸕鷀的飼主會對牠們下指令捕香魚，現在多已成爲觀光表演的活動。

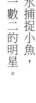

# 目錄



## 第1章 常見但又令人掛心的小傢伙

# 第2章 進食就是生存

## 第3章 鳥類的愛情世界



## 第4章 養育鳥寶寶

# 第5章 有趣又驚人的鳥類身體構造

# 第6章 鳥類的鳥知識

# 第1章

# 常見但又令人掛心的小傢伙

# 麻雀臉頰的黑斑越大，桃花越旺

麻雀與鴿子、烏鴉並列為日本人身邊最常見的一種鳥類，除了小笠原諸島，分布地區幾乎涵蓋日本全國，絕對不會有人沒見過麻雀。大家看到麻雀都會知道牠是麻雀，應該是因為牠們的臉頰上有黑色的斑點，相當具有辨識度。

日本還有一種麻雀屬的鳥類名為山麻雀，這種麻雀的臉頰就沒有斑點了。歐洲的鎮上常常可以看到家麻雀這一種麻雀，不過牠們的臉頰上也沒有斑點，也許黑斑的有無，就是讓近親鳥類辨別是否為同種的記號。

其實，黑斑的大小會因個體而有些微的不同，目前研究發現，雄鳥身體越能夠吸收氧氣，黑斑就會越大，也就是說，有體力又健康的雄鳥就會有更大的雀斑。

一般來說，鳥類都是由雌鳥選擇要與哪一隻雄鳥配對，所以雌鳥在擇偶的時候，搞不好會選擇黑斑更大的雄鳥。不過黑斑大小的差異真的微乎其微，人類的肉眼其實看不太出來，或者應該說我們只看外表的話，根本連雌雄都分不出來，不知道牠們到底要怎麼辨別彼此的性別，真的是令人匪夷所思。

鳥言鳥語

歐洲也有與日本同種的麻雀，
但是棲息地大多不是城鎮而是農地，
在城鎮中的是很親人的家麻雀。

# 鴿子擺頭其實是逼不得已的啊

在車站前或公園可以看到鴿子咕咕叫在行走，牠們走動的時候會前前後後勤奮擺動自己的頭，這樣走是有原因的，各位走路時也可以前後擺頭，試著思考箇中緣故。試過了嗎？保證你無法理解鴿子的心情，因為人類的眼睛長在前面，而鴿子的眼睛長在兩側。

如果眼睛長在前面，步行時就只會看見景物漸漸靠近自己，但是眼睛長在兩側的話，每次往前景物就會由前往後飛逝，要在如此動態的視線中覓食應該很不容易，此時可以採用的絕招就是擺頭。

首先把頭往前伸，伸好並固定位置之後，身體再跟著前進，視線中的景物就不會移動了。接著再伸頭，再前進一步，這樣一來視線的晃動只會發生在伸頭的那一瞬間。也就是說，牠們不是固定身體擺動頭，而是在空間中固定頭部。

如果想要體驗鳥類眼中的世界，可以從行駛中的車輛或電車往窗外看，在呆望著窗外時，景物會不斷向後流逝，但是如果能夠配合窗外流動的風景左右擺頭，視線中的景物應該就會是固定的，這就是鴿子眼中的風景。

鳥言鳥語

不是只有鴿子在走動時會擺頭，
鷺、雞、鶺鴒和椋鳥也會喔，
這是行走時一前一後踏出腳的鳥類具備的特徵。

# 犧牲防寒防水性換取攻擊力的鸕鶿

悠游水面的鳥類有兩種，一種全身完整地浮在水上，另一種身體後半會沉入水中，鴨子屬於前者這種客船型，鸕鶿[3]屬於後者這種人魚型。

水會毫不留情從皮膚奪走人的體溫，讓我們嘴唇發紫，但是鴨子的嘴絕不可能會發紫，因為牠們的防寒措施萬無一失。鴨子的羽毛具有高度防潑水功能，羽毛與皮膚之間可以保存溫暖的空氣，牠們採取的是重視漂浮時舒適度的防禦策略。而比起防禦，鸕鶿更重視攻擊，羽毛若是保存了空氣，身體就會浮起來，難以潛入水中，結果只會讓鸕鶿在捕獵香魚的行動中貽笑大方。對於需要潛水捕魚的鸕鶿來說，游泳能力比舒適度更加重要，因此牠們的羽毛防潑水性低，比較容易入水。

鳥羽毛的表面因為有極小的構造而具備防潑水性，此外，鳥類尾部有個名為「尾脂腺」的突起處會分泌油脂，可以塗在羽毛上。這種油脂被認為能加強耐久性與防水性，不過鸕鶿的尾脂腺並不怎麼發達，因而牠們的進攻型特質可見一斑。

鴨子的羽毛防潑水性高，一出水馬上就會乾，鸕鶿就沒辦法了，在水邊常常能看到鸕鶿停在木樁上張開翅膀曬乾羽毛的模樣，這種防潑水性低的羽毛通常都會濕淋淋的，不容易乾。

3 台灣的鸕鶿屬鳥類包括丹氏鸕鶿、海鸕鶿與普通鸕鶿。

鳥言鳥語

鸕鶿的羽毛之所以是黑色的，
可能就是爲了吸收太陽熱保暖，讓自己更容易乾燥呢。

# 烏鴉翻垃圾是有意義的

好棒，收穫滿滿耶!!
哇——!!
嘿嘿嘿，我找到好地方了~
呼——好滿足。
亂七八糟……
呼……
不過我們也弄得太亂了。
沒關係啦，每次都是過一陣子就會變乾淨了!!
一定是有人想要我們吃剩的東西。
是喔——
我們其實很有用呢。
就是啊!!

烏鴉會在街角翻垃圾，看到牠們肆無忌憚弄亂垃圾的樣子，正經的紳士淑女都會皺起眉頭。這群為非作歹的黑衣人讓人想到達斯維達[4]，為什麼牠們要做這種給人找麻煩的事呢？

烏鴉是在跟人類共生之後才開始吃垃圾的，畢竟野生的王國中沒有「垃圾」的概念，牠們吃的是小動物、果實與動物屍體。吃動物屍體的動物被稱作「食腐動物」（scavenger），動物屍體在生態系統中是重要的資源，而非不必要的垃圾。屍體肉與內臟是其他動物的食物，土地吸收後也可以化作植物的養分，獸毛與羽毛是築巢的材料，有時骨頭也能當作鳥類的巢材。

烏鴉一發現屍體就會群聚起來開吃，牠們會用尖銳的鳥喙打開一個洞後靈巧地啄食並分屍，這樣做有利於比較弱小的動物食用。多虧了烏鴉，屍體的分解能夠更快，資源可以更有效率地回歸生態系。

烏鴉會在空中翱翔進行大範圍的搜索，所以能迅速找到屍體。要是沒有牠們這種食腐動物，大自然裡會屍橫遍野，瘟疫會大肆流行，世界會變得既不衛生又噁心。這樣一想，就不會覺得烏鴉是搗亂分子，而是讓自然界保持乾淨的清潔人員了。

4 電影《星際大戰》的角色，頭號的反派人物。

鳥言鳥語

動物屍體會先被強而有力的哺乳類或鳥類分屍，
其他生物再食用牠們吃剩的部分並進行分解，
屍體就是這樣被分解得越來越小，漸漸回歸生態系。

# 電線桿變壓器是麻雀的搖籃

麻雀會利用城市中各式各樣的縫隙築巢，包括屋頂縫隙、鋼架縫隙、倉庫或車庫的縫隙等等，牠們也常常在電線桿附近築巢，把大量的草運到電線桿的管柱物體或變壓器箱中，精心堆疊起來。

但是，管柱或電線桿上的箱形物都是金屬製的，也會受到太陽直射，夏天應該無比炎熱，這樣的環境似乎不太適合育雛，既然如此，牠們為什麼還要在這裡築巢呢？因為對麻雀來說，入口小、空間深幽的地方可是非常安全的。

譬如說，要是把鳥巢築在只有底層開了洞的箱子中，麻雀可以透過「懸停」（hovering）這種定點拍打翅膀方式，細微調整自己的位置，巧妙地鑽進洞裡。對蛋或雛鳥虎視眈眈的巨嘴鴉、小嘴烏鴉、蒼鷹或日本松雀鷹等猛禽類，因為無法「懸停」，而且牠們必須停在樹枝上才有辦法使用鳥喙攻擊，因此也無法直接把鳥喙伸進洞裡。若是鳥巢的入口很小，大鳥喙根本也伸不進去，所以麻雀有時候會在狹窄得嚇人的洞中出入。羽毛會讓鳥類的體型看起來比較大，不過牠們的實際體型比外表看起來小很多。

鳥言鳥語

大樓林立的都市也有很多出乎意料的縫隙，
如果春天看到麻雀銜草飛進縫隙，
也許牠們的鳥巢就在那裡！

# 麻雀髒了會用沙子洗澡

水浴好舒服啊——!!
嗚喔!!
髒汙一口氣都洗掉了!!
啪啦
啪啦
啪啦
沙浴也好銷魂啊!!
棒呆了!!
羽毛變得好乾爽!!
啪沙啪沙
啪沙啪沙
選一種洗就夠了吧?
才不會,當然是兩種都要啊!!
只洗一種不夠啊——
是喔——
看來你們的身體真的很髒呢。
打擊!!

日文中會叫一直穿同樣衣服的人「不換衣服的麻雀」，這是因為麻雀的模樣一年到頭都相同，也是諧擬自日本童話《被剪舌頭的麻雀》一詞。麻雀確實只有那一百零一件衣服，不過牠們每年都會換一次毛，每天都會整理羽毛，只要維持整潔，「不換衣服」也不成問題。

而且麻雀特別喜歡洗澡，只要是池塘、河川或一點點的積水都能洗「水浴」，還會用沙子洗「沙浴」。有時候可以在盆栽、花圃或行道樹根部沙土上看到幾個小凹洞，這就是麻雀洗「沙浴」的痕跡。牠們把自己塞進凹洞中抖動翅膀，看起來很舒服，彷彿享受沙浴療法的泡湯客。沙浴或水浴的目的可能是要去除羽毛和皮膚上的髒汙，驅趕食毛亞目蝨（Mallophaga）等寄生蟲，如果在陽台的盆栽中放入乾土，也許會有麻雀來洗洗澡。

話說回來，我們走在海水浴場的沙灘上時，整隻腳都會沾滿沙子，就算沖了澡，腳上還是會立刻沾到沙子，非常難纏。據說，如果沙灘和水域相隔不遠，麻雀大多會先水浴後沙浴，濕答答黏呼呼的不會很不舒服嗎？沙子不算是一種髒汙嗎？真是令人疑惑。

鳥言鳥語

雁鴨或鷸鴴在繁殖期會換上鮮豔的「繁殖羽」，牠們每年會換兩次羽毛，分別在繁殖期的開始與尾聲。

# 怕冷的麻雀會把自己穿得圓滾滾

體型小並不利於儲存熱量，因此小型鳥要熬過寒冬是相當艱辛的。哺乳類在冬天能夠囤積大量的皮下脂肪，不過對鳥類來說，脂肪是阻礙飛行的重擔，所以也不能這樣做，結果能派上用場的防寒用具就是羽毛了。

氣溫下降時，鳥類會在羽毛和身體之間保存大量的空氣，並把腳縮進蓬鬆的羽毛中，這樣就能透過空氣達到隔熱效果，讓牠們暖暖過冬。有人小時候玩過把雙腳縮進體育服裡的ＥＴ遊戲嗎？縮小身體的表面積，並以衣服裹住露出的腳應該會很溫暖。日文以「鼓鼓雀」來形容和服腰帶的一種結，也就是像人類的ＥＴ姿勢一般鼓鼓的結。鳥類還會依據氣候選擇要不要連腳趾都縮進羽毛中，鼓起來的方式也會因氣溫而異，有時候只鼓一點，有時候會鼓到整個身體圓滾滾的。

與白頰山雀和麻雀相比，棕耳鵯在氣溫偏高的時候也常常會把腳趾縮進羽毛裡，也許牠們很怕冷呢。另一方面，綠繡眼與長尾山雀會在一根樹枝上聚集兩到十隻左右，密集得像是在玩背對背圍圈互擠的取暖遊戲，所以日文也會以綠繡眼來比喻擁擠的情況。

鳥言鳥語

鳥類是以踮著腳尖的方式站立，
腳部大約中間的位置彎成「く」字形，這個是腳後跟，
腳後跟到腳趾這一段稱為「跗蹠」。

# 在玩樂中鍛鍊生存術的烏鴉

好閒喔…喔！
走走走走
我就敲一敲這個來玩好了。
保特瓶
哈哈哈哈，好怪的聲音。
…嗯？
啪
啪
叩
…。
啪
叩
啪
叩
敲前面和後面會發出不同聲音。
不小心又變聰明了…
前面
後面

很多人都說烏鴉在鳥類當中算是相當聰明的，除了會使用道具這件事之外，牠們玩耍的身影也常常引起討論。某一天我在路上走著走著，發現小嘴烏鴉倒掛在電線上，雖然也不能排除牠是像《駭客任務》一樣為了閃躲子彈而絆倒了，不過牠應該是在玩耍吧。除此之外，也觀察到牠們會溜滑梯、乘風盤旋嬉戲。

「玩耍」在現實生活中是很無謂的行為，玩耍會壓縮到覓食和寫功課的時間，無謂的舉動還可能會讓自己更容易被掠食者發現。思考新的事物需要消耗大腦的能量，玩耍似乎必須付出很多成本卻有弊無利。不過玩耍也屬於探索未知的行為，可以說是好奇心的表現，如果有一天環境產生了巨大的變化，平常的食物和鳥巢都消失了怎麼辦？故步自封的保守鳥類應該會就此死絕吧？但是好奇心旺盛的鳥類也許會挑戰未曾嘗試過的食物與行為，開拓出一條生存之道。實際上，烏鴉也因為身處都市這樣的新環境，開發出新的食物來源而繁盛了起來，讓我們見識到牠們求新求變的力量。

烏鴉與人類都很喜歡玩耍，玩耍乍看之下很浪費時間，但也許反而能在不久的將來挺過時代的變遷，成為倖存的勇者，所以看到我在玩樂也請別責備我。

鳥言鳥語

有些烏鴉懂得如何使用道具，
新喀里多尼亞鴉能夠靈巧地使用樹枝挖出洞穴中的昆蟲，
因此相當出名。

# 從日本西部消失的灰喜鵲

*耶!!
イエーーーイ!!
我們最近狀況很好耶!!
同伴不斷增加啊!!
既然如此，我們能飛到哪就飛去哪吧!!
耶——
咻——
真好，牛背鷺氣勢滿滿。
我們要是不挑住的地方，就活不下去了。
唉…
以前西邊好像也有很多同伴。
盛極必衰啊…
唉呀，東京有灰喜鵲真好啊。
喀嚓
喀嚓
好少見。
…對了，最近是不是很多人會一直盯著我們看啊？
不知道為什麼，好害羞喔。
噗通
噗通

灰喜鵲是戴著黑頭盔的青鳥，在東京的住宅區並不算罕見，可是西部的日本人卻對牠們很陌生，因為國內的灰喜鵲只存在於愛知縣以東。我第一次在東京看到牠們，對於牠們如《機器戰警》[5]般接近未來的容貌實在是興奮難耐。

其實關西直到一九四〇年代、九州北部直到一九七〇年代都還有灰喜鵲的蹤影，既然能在東京的住宅區生活，代表其他地區應該也有能讓牠們棲息的環境，雖然理由不明，不過牠們的分布確實在二十世紀產生了巨大的變化。

另一方面，黃頭白身的牛背鷺是普遍能在日本全國農地見到的鷺鷥，一百年前左右只能在關東、大阪、長崎和沖繩周遭看到，但是二十世紀牠們的分布反而擴大了，與灰喜鵲正好相反。

牛背鷺本來主要是分布在非洲到亞洲的熱帶和亞熱帶區域，二十世紀開始在全球擴大，一九四〇年左右，牠們從非洲橫渡大西洋來到南北美洲，亞洲這一支則是前進澳洲，牠們的氣勢如日中天，也被說是最快透過獨力播遷擴大分布範圍的鳥類。

自然環境會受到人類生活與氣候影響，隨時都在改變，鳥類也會配合自然變化改變分布範圍，即便某種鳥類現在很常見，到了世紀末，分布範圍也許又不一樣了。

5 美國的科幻電影，主角的造型也是戴著頭盔。

鳥言鳥語

喜鵲據說是四百年前左右進入朝鮮半島的，
牠們的分布也不斷在改變，原本主要棲息在佐賀縣的佐賀平野，
近年在熊本、長崎和福岡等地都能看到。

# 白頰山雀歪頭不是在裝可愛

有人看過白頰山雀或麻雀等小型鳥歪著頭的模樣嗎？如此可愛的小動作真的是萌的不得了。不過牠們並不是意圖讓容易受「可愛」蒙蔽的人類神魂顛倒，在那個當下，牠們是真的「目中無人」的。

我們在提高警覺、提防周遭是否有危險時，會習慣轉動脖子與眼球，關注四面八方，不過鳥類和我們哺乳類不同，牠們不太會轉動眼球。許多鳥類眼睛都長在兩側，水平視野相當寬廣，但這樣如何防備上空的掠食者具有威脅性的攻擊呢……沒錯，牠們會歪著頭，讓一邊的眼睛朝上，單眼看上空，單眼看地面。雖然很想知道牠們到底能看到什麼，不過總之，這樣對於上空的戒備就萬無一失了。各位應該也了解了，這種可愛的小動作不是小型鳥的專利，烏鴉、小水鴨或白腰草鷸也都會。

講到歪頭的可愛鳥類，我們還會想到貓頭鷹，不過貓頭鷹的目的是讓耳朵面向四面八方，精確掌握聲音來源，鎖定獵物的位置，因此貓頭鷹的歪頭是極其具有攻擊性的動作。

鳥言鳥語

獵食其他動物的肉食鳥類，雙眼大多是長在前方，
這樣能更立體地掌握獵物的位置，容易鎖定目標。

# 啄木鳥的腦部損傷越嚴重，代表啄了越多木頭

在森林中側耳傾聽，會聽到叮咚叮咚如木琴般的音色，這是啄木鳥的敲擊聲。日本有小星頭啄木、日本綠啄木與大斑啄木，牠們不是透過鳴叫與其他個體溝通，而是透過啄木。

除此之外，啄木鳥也會在樹上啄出洞來，捕捉藏在樹中深處的昆蟲。牠們的舌頭非常長，長到口中也放不下，所以舌頭通常會從口中繞到脖子，從後腦杓往頭頂在頭蓋骨繞一圈。而且舌尖裝備著有黏著性的唾液與倒勾，伸長追打蟲子的舌頭就如同異形之吻。

牠們能夠以一秒二十次的驚人速度啄木、鑿出洞來，這種撞擊力道堪稱車禍等級，為什麼啄木鳥不會腦震盪呢？真是令人好奇。理由有幾個：樹木和鳥喙的接觸時間短到只有千分之一秒，撞擊力就會比較小；牠們的腦部完整收在頭蓋骨中，比較不容易晃動；頭蓋骨的一部分是海綿狀，可以分散衝擊力；下顎與脖子的肌肉很結實，能吸收並緩和撞擊力。

不過最近研究發表指出，啄木鳥的腦部還是會因撞擊而損傷。「Tau蛋白」被認為可能是造成阿茲海默型失智症的主要物質，啄木鳥腦中累積的Tau蛋白量就比其他鳥類更多。儘管如此，牠們還是義無反顧繼續啄，真是堪比矢吹丈與洛基[6]的戰士。

6 分別為拳擊漫畫《小拳王》與拳擊電影《洛基》的主角。

鳥言鳥語

啄木鳥大多會直立在樹幹上，
彎曲的利爪可以抓住樹木，
堅硬的尾羽也能穩穩支撐住身體。

# 棕耳鵯的節能省力飛行

啪啪啪啪啪…
你們麻雀的飛法感覺超級累的耶。
我的飛法一定比較輕鬆。
看好了!! 哼!!
啪啪啪啪啪
你看，我只要先拍拍翅膀，再來收起翅膀就好了。
滑～
嘿咻!!
呼——真輕鬆。
嘿咻!!
啪啪啪啪
啪啪啪
滑～
滑～
哼!!
呼…
呼…
唉呀，好輕鬆!!
呼…
哼!!
真的嗎…

不同種鳥類的飛行方式也各不相同，麻雀手忙腳亂拍打翅膀，翠鳥高速振翅直線前進，燕子在空中翩翩畫弧，身手敏捷，鷺科鳥類會好整以暇振翅，鷹、鵰或鷲會乘著上空的風盤旋，不太會振翅。要是看見遠方有一隻鳥，除了體型、大小、發現地點等資訊之外，有時候也可以從飛行方式判別這隻鳥的種類。

棕耳鵯嗓門大得引人注目，而且飛行方式也相當有特色，牠們會稍微振翅往上飛、收起翅膀畫弧，接著又短暫振翅向上、畫弧……不斷這樣上上下下，是一種「波浪式飛行」。啄木鳥與鶺鴒一族也都是採取這種飛法，牠們會以一定的節奏上升下降，飛起來很有節奏感，也很賞心悅目。波浪式飛行是運用空氣阻力少的「立正」姿勢，把短暫振翅獲得的推力做最大限度的利用，這種飛法的優點可能是讓體型較小的鳥在快速飛行時得以少消耗一些能量。不過鳥類只有在振翅時才能夠靈巧活動，因此每種鳥類都有適合自己的飛法。

採用波浪式飛行就必須賣力振翅才能獲得推力，這麼說來，很多鳥類在起飛時都會叫一聲，也許就是出力過猛才不小心發出聲音的呢。

鳥言鳥語

大型鳥類也能運用上升氣流或風，以較少的能量飛行。

# 白頰山雀會透過叫聲傳遞訊息

白頰山雀的雄鳥一到春天就會以宏亮的聲音在枝頭上「刺嗶、刺嗶」鳴唱、求偶，對其他雌鳥宣示主權。除此之外還有「刺嗶～刺嗶～」或「嗶～刺嗶～刺」等唱法，變化越多越受雌鳥歡迎，因為這代表牠們是靈活又聰明，等於有能力存活下來的雄鳥。

平時的啼叫不同於繁殖期的鳴唱，稱為「鳴叫聲」，白頰山雀的鳴叫聲種類很多，眾所周知，牠們同伴之間會進行對話。譬如說在育雛期間必須提防天敵，如果巨嘴鴉在附近，母鳥就會發出高亢的「chika-chika」聲，要是有日本錦蛇就會「唧唧唧唧」叫，雛鳥聽到「chika-chika」會低下身體躲避烏鴉耳目，聽到「唧唧唧唧」會一口氣飛離鳥巢。如果來的是蛇，不管三七二十一先飛出來的存活機率確實比較高。

繁殖期結束後，數隻到十數隻的白頰山雀會群聚生活，這個情況下牠們的聲音溝通也很熱絡，在脫隊或者找到食物時，白頰山雀會「嘰嘰嘰嘰」叫，要大家「集合」。「嗶～刺逼」是「提高警覺」的意思，如果是「嗶～刺逼」接上「嘰嘰嘰嘰」就是「集合時小心」。換言之，牠們能夠以兩個詞組成簡單的句子表意。

鳥言鳥語

澳洲的栗冠彎嘴鶥也會組合聲音使用語言，
也許鳥類真的能夠進行複雜又多樣的對話，
只是人類不知道而已。

# 麻雀到底能活幾年？

今年也有很多年輕人離巢了呢，老爺子。
是啊，老太婆。
啪啪啪啪啪啪…
可是能夠熬過冬天的寥寥可數……
大自然很殘酷的……
希望年輕人好好努力呢。
好，我們差不多該去吃植物種子了。
是啊……嗯？
吱喳
吱喳
滾開，小鬼頭!!
想吃老夫的種子再等十年吧!!
老頑固的爺爺啊!!
哇!!是種子爺爺!!
*吼吼吼吼吼吼吼

金婆婆與銀婆婆這對百歲的雙胞胎姊妹在一九九〇年代拍攝了電視廣告，引起大眾討論，後來銀婆婆的女兒也一百歲了，拍了與媽媽相同的廣告。

人類已經比以前長壽許多，那麼鳥類的壽命又是如何呢？先來看看最長壽的案例吧。在鳥類的世界，越大型越長壽，目前最高齡的野鳥紀錄保持者，是黑背信天翁這種海鳥，活到了六十七歲。在人類飼養的鳥類中，大型的鸚鵡類、猛禽類、鴕鳥一族都很長壽，最高齡的據說可以超過八十歲。「松鶴延年」也不是講假的，人類飼養的西伯利亞鶴就創造了八十三歲的紀錄。麻雀、山雀類等小型鳥就比較短命，只能活十到十五年。

接著來看看平均壽命。中型到大型的鳥類平均壽命大多不超過二十年，麻雀這種大小的鳥類，在野生的情況下壽命大約是兩年。不過鳥類在出生的一年內可能會被天敵吃掉、罹患寄生蟲等疾病，大部分也可能因為不幸遭遇意外、嚴峻的遷徙、寒冬、飢餓等情況而死去。等到麻雀的幼鳥終於可以離巢時，烏鴉可能就在鳥巢旁邊埋伏，這種情況也不少見，先不討論可以活到幾歲，在野生世界中，光想長大就必須費盡千辛萬苦了。

鳥言鳥語

六十七歲的黑背信天翁被命名爲「Wisdom」，是雌鳥，牠直到二〇一九年都還健在，持續刷新最高齡紀錄，如今也還在生蛋育雛，是個超級媽媽。

# 能走就不飛的白鶺鴒

衝——
好危險!!
快逃!!
走走
走走
衝——
哇——!!
又來了!!
走走
走走
你……逃跑都不會用飛的喔？
嗯。
為什麼？
我的腳程快啊，看，厲害吧。
而且飛起來很累耶。
完全不怕死的大條神經更厲害。
走走走走走走——

近年都市地區白鶺鴒的數量變多了，牠們的特徵是白色的身體和上下擺動的長尾羽，講「就是那種在停車場之類的地方跑很快的瘦長鳥類啊」或許更容易理解吧。白鶺鴒身材窈窕，應該不會不善飛行，不過牠們還是很常在地面上走來走去。

其實對鳥類來說，飛翔是一種相當消耗能量的移動方式，持續不斷的飛行很容易疲累，因此不只是白鶺鴒，許多鳥類在地面或樹上的時間都會遠比飛行時間更長。剛好白鶺鴒很常出現在人類的腳邊，而且跑跑停停、跑跑停停的動作特別引人注目，因此才會給人「明明是鳥，卻一直走不會飛」這種強烈的印象。

白鶺鴒基本上是採取雙腳交互踏出這種「步行」的方式移動，不太像麻雀一樣「跳躍」，而且牠們的腳趾很長，跨大步依然可以穩定快速前進。快步前進，一找到昆蟲等小動物就抓起來，有時候也會吃人類掉落的麵包。這些食物在都市裡也很搶手，有時候原本想快步跑去搶食的白鶺鴒一發現麻雀要飛過去，就會跟著振翅飛過去，看來牠們自己也很清楚，還是飛的比較快。

鳥言鳥語

以前白鶺鴒夏天會在北海道或本州北部繁殖，
其他地區的白鶺鴒屬於冬候鳥。如今分布地區擴大到西日本，
也開始在西日本繁殖，因此就變得比較常見了。

# 烏鴉以惡作劇的方式驅趕老鷹

烏鴉有時候會藉由集體叫囂驅趕蒼鷹或黑鳶這類猛禽，不過牠們並非真心要置「鳥」於死地，牠們腦子裡盤算的是透過惡作劇趕走這些鳥類，這種行為名叫「集體驅趕」（mobbing）。

許多動物都希望盡可能避免無謂的爭端，烏鴉體型大，而且又會群起圍攻，被驅趕的鳥類都會認栽：「跟牠們作對很累，我去別的地方吧。」但有時候也可能剛好蒼鷹心情不好而進行反擊，把烏鴉通通趕走，不過通常趕完就會飛走，不會往死裡打。要是動了真格，蒼鷹戰鬥力一定更強，不過見好就收也算是一種多一事不如少一事的智慧。還有一種不算是集體驅趕，是烏鴉之間互相追逐。烏鴉是種很常嬉戲的鳥類，牠們有可能只是在玩鬼抓鳥，也有可能是意圖練習狩獵。

烏鴉之外的鳥類也有集體驅趕的行為，牠們會一口氣對附近的鵰、鷲、老鷹或在樹枝上睡覺的貓頭鷹進行集體驅趕，白頰山雀要對靠近鳥巢的敵人進行集體驅趕時，還常常會與前一年領土在附近的鄰居合作。平日與左鄰右舍打交道，緊急時就互相幫助，這似乎不是人類社會才會發生的事情。

鳥言鳥語

人類要是靠近白頰山雀的鳥巢，
也有可能會被集體驅趕喔。

# 把螞蟻當擦澡工的烏鴉

我說老公啊!!
你全身都是蟲耶!!你要好好做蟻浴啊!!
會傳染給孩子啊!!
好啦。
搔搔
搔搔
唉…蟻浴啊——
雖然身體會變乾淨，可是我並不是很喜歡啊。
啄
啄
啊…啊啊~~來了~~
聚集
聚集
聚集
嗚哇~~~~真不習慣…啊!
好痛
咦…?不過好像…
意外地有點舒服…

鳥類很愛乾淨，常常會洗水浴或做沙浴，從小型的麻雀到大型的黑鳶都會洗刷刷洗刷刷，浮在水面上的鴨子也是會洗刷刷洗刷刷，就連一輩子幾乎都在飛行的叉尾雨燕也會高速在水面蜻蜓點水做水浴。做水浴或沙浴是為了讓水和沙通過羽毛之間，帶走髒汙、蜱蟎或食毛目蝨等寄生蟲。

日文中把帶藍色的亮麗黑髮稱為「烏之濡羽色」，烏鴉的羽毛會隨著光線呈現出藍色、綠色、橘色等美麗的結構色。烏鴉當然也會悉心梳理羽毛，許多人也知道除了水或沙之外，牠們非常偶爾會用螞蟻洗「蟻浴」。做蟻浴時會一屁股坐在螞蟻巢穴上，讓螞蟻爬滿全身上下，有時候還會銜著螞蟻梳理羽毛，從頭到腳塗抹。烏鴉的這種行為，可能是想利用螞蟻攻擊時釋出的蟻酸等化學物質驅除寄生蟲，看牠們身體不時會一抖，可能是被憤怒到釋出蟻酸的螞蟻咬了，而不是陶醉到抖起身體來，不過實情就只有烏鴉知道了。

順帶一提，烏鴉也會做煙燻浴。在下過雨之後，可以看到牠們停在澡堂的煙囪頂端，張開翅膀蓋在向上竄升的煙上，這個行為應該也是想透過煙燻驅逐寄生蟲，總之，牠們的行為真的是充滿了謎團。

鳥言鳥語

也有人說煙燻是爲了烘乾濕掉的羽毛，
但是，在煙霧中不會嗆到嗎……

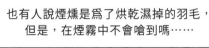

# 有事沒事都會發出叫聲的麻雀

要是能被啾啾叫的麻雀聲叫醒，用這樣的方式展開一整天，應該很美妙吧。鳥類通常都很早起，麻雀會在清晨日出之前開始鳴叫，不過烏鴉更早，山中森林裡的赤腹鶇、黃眉黃鶲和藍尾鴝在天還沒亮的時候就開始鳴叫了，相較之下，麻雀算是有點賴床的了。

除了早上，鳥類最常鳴叫的時間是傍晚。繁殖結束之後，牠們會在河邊的蘆葦地或行道樹集體夜棲，在返回歇息處前相當熱鬧，牠們會眾口同聲開始「吱喳吱喳吱喳」啼叫，感覺根本沒在聽彼此的聲音。不過到了某個時間點會突然鴉雀無聲，這種安靜法就像是一沾到枕頭便睡著的情況。

講到麻雀的鳴叫就會想到「啾啾」聲，不過牠們還有其他種叫聲。繁殖期時，孵蛋中的母親有時會發出如雛鳥般「吱吱吱」的叫聲催促父親「帶飼料回來」，或者在巢中照顧蛋或雛鳥的親鳥，會用力發出短促的聲音，提醒回巢的親鳥提高警覺，注意周遭。

麻雀雖然是隨處可見的鳥類，但是關於叫聲的研究並不是很多，目前還不知道這些鳥鳴有什麼意義。牠們有時像是在低語一樣嘀嘀咕咕發出「次歌曲型」（subsong）這種聲音，有時是起飛的時候不小心發出一點叫聲。要是有動物語頭巾就能聽懂了，想必很有趣。

鳥言鳥語

「啾啾」是麻雀全年都會發出的鳴叫，
牠們的鳴唱是「啾吱～啾咿～」，很長也很複雜，
可以聽聽看早春高聲的鳥鳴喔。

# 叫聲不同但外觀卻相同的各種鶯鳥

*噹噹!!
バーン!!
我是日本樹鶯!!
我是日本柳鶯!!
我是庫頁島柳鶯!!
我是冠羽柳鶯!!
我們是公認很難分辨的鶯類!!
轉
怎麼樣啊？賞鳥的人類啊!!
轉
轉
你們看得出我們的差別嗎!?
唔唔唔…
好，接下來大家一起…
耶耶!!
ho~hokekyo叫!! 讓他們更混亂吧!!
不要。
誰要ho~hokekyo啊？
蛤～來嘛～
那是日本柳鶯吧。
毫不團結

日本樹鶯的「ho～hokekyo」叫聲家喻戶曉，牠們是日本的靈魂之鳥，分布區域很廣，從北海道到沖繩都有牠們的蹤影，人們聽到日本樹鶯的聲音也會出現春天即將來臨的預感。日本樹鶯的外觀是褐色的，一反這種別具特色的聲音，沒有特別吸睛的地方，如果有人因為鳥鳴而以為牠們七彩斑斕，可能會有點失望吧。

柳鶯科鳥類是樹鶯科的近親，日本可以看到冠羽柳鶯、日本柳鶯和庫頁島柳鶯這幾種，牠們的外觀都很相似，也都是沒有特徵的褐色小鳥。但是對鳥類本身來說，無法辨識彼此相當不利，因此有其他特徵讓牠們可以判別彼此是否為同種：鳴叫聲。冠羽柳鶯是「啾啾嗶」，庫頁島柳鶯是「hi～zuki、hi～zuki」，日本柳鶯是「吱哩吱哩吱哩吱哩」，一般來說外觀差異不大的鳥類，叫聲通常都會相差甚遠。其實有些在日本繁殖的日本柳鶯親戚是「吱吱、吱吱」叫，最近進行DNA分析，結果發現這是另一種鳥，現在已經取了新的名字叫「勘察加柳鶯」，牠們的外形過於相似，所以一直被誤以為是同種鳥類。

單憑外觀辨別不同種的鶯鳥，眼睛很有可能會看到脫窗，側耳傾聽牠們婉轉的嗓音才是欣賞的正確方式。

鳥言鳥語

日文在把動物的叫聲文字化時，有一種爲方便記憶而選用有實際語義的「聞做」遊戲，冠羽柳鶯擬爲「燒酒來一杯」、庫頁島柳鶯爲「日、月」、日本柳鶯爲「拿錢、拿錢」。

鳥事小百科 1

# 飛向世界的鳥類

鳥是什麼樣的生物呢？鳥喙、羽毛、生蛋、雙腳行走、祖先是恐龍……不過最大的特徵，還是會在天上翱翔。

　鳥的身體經過各種演化後，變得很適合飛翔。飛翔中任務最重大的就是翅膀上名為「飛羽」的長羽毛，羽毛是一種即便脫落或受傷也會再長出來的可重生組織，翅膀由許多羽毛組成，改變一片片羽毛的角度、製造出縫隙就可以調整空氣阻力，如扇子般展開或收束羽毛也能改變面積。鳥的身體也徹底輕化以利於飛翔，羽毛很輕的事就不必贅述了，牠們不但骨骼也很輕，肱骨、鳥喙的骨壁也都很薄，是中空的，而且鳥翼與後肢的一部分有幾根骨頭相連，骨頭數量也就比較少。

　實用性較高的前肢演化成了鳥翼，鳥類便以口代手，靈活運用鳥喙。無論是要抓蟲子、敲開堅硬的種子、撕開肉、編草築巢，什麼都難不倒牠們，這種各式各樣以飛翔為目標的身體改造，正是鳥之所以為鳥的首要特色。

　鳥類竭盡所能，用飛行能力進軍全世界的每一個角落，有一些鳥類則演化成不會飛但是相當繁盛的物種，例如跑步時速可達七十公里的鴕鳥、在海中自在悠游的企鵝。無論是城市或山上、熱帶或寒帶、南極或北極，甚至在海上，牠們都能配合環境改造成特殊的外形並採取特殊的行為。

第2章

# 進食就是生存

# 有時會化身吸血鬼的烏鴉

各位應該都聽過吸血鬼德古拉伯爵，每天夜裡，他都會披著飄逸的黑斗蓬現身，吸食人類的鮮血，然而有另一種生物同樣是全身漆黑，卻在光天化日之下吸食鮮血，那就是巨嘴鴉。巨嘴鴉雖然是雜食性，但居然有部分個體會採取吸血行為，北海道東部的十勝地區發現一群烏鴉會啄傷乳牛的乳房血管，並舔食流出來的血液，也有人在盛岡市動物公園目擊烏鴉啄傷園中飼養的梅花鹿背部，吸食牠們的血。

血液是完美的營養食品，同時也負責將身體的養分運送到全身，類似將鈔票運到銀行的運鈔車，德古拉伯爵和蚊子都是有注意到這件事的智者。巨嘴鴉會拔動物身上的毛來當做巢材，也許牠們就是在這個過程中舔到偶然滲出的血，因而開啟了吸血的大門。

順帶一提，這個世界還有五種吸血鳥，科隆群島的尖嘴地雀、兩種小嘲鶇和非洲的兩種牛椋鳥。講成「吸血鳥」聽起來好像很嚇人，但其實想當吸血鳥，首要條件就是得夠「弱小」，畢竟強大的鳥可以直接吃獵物的肉，成為肉食者，不會自找麻煩去吸血。除了夠「弱小」，還要夠「狡猾」，才能找到受傷了也不會趕走自己的遲鈍對象，這就是成為吸血鳥的必要條件。

鳥言鳥語

科隆群島的吸血鳥會吸食海鳥或美洲鬣蜥的血，
非洲的牛椋鳥一如其名是吸牛血。

# 綠繡眼的三寸不爛之舌

羨慕綠繡眼的嘴巴～
吸花蜜好像很方便。
舔舔　舔舔
舔舔　舔舔
舔舔　舔舔
我也想要有那種嘴巴
……嗯？
好好吃…
嘶嘶嘶嘶…
我還是維持現狀就好!!
僵硬

花蜜具有滿分的養分，植物產生花蜜是用來酬謝搬運花粉的對象。綠繡眼與棕耳鵯都熱愛花蜜，所以也相當殷勤地來拜訪花朵，對於沾在臉上的花粉更是不以為意——希望只會舔食蜂蜜罐的黃色小熊可以向牠們看齊。

各位見過鳥的舌頭嗎？鳥沒有牙齒，舌頭是牠們在口中處理食物的唯一工具，鳥喙的形態相當多樣，舌頭也配合食物演化成千變萬化的形態，綠繡眼和棕耳鵯的舌尖如刷子般分岔成許多根，為的是增加表面積，舔食花蜜也就能更有效率。同樣喜愛花蜜的蜂鳥，舌頭變成了如吸管般的管狀，利用毛細現象吸取花蜜。

吃蚯蚓的白氏地鶇與吃魚的鷺鷥，牠們的舌根兩側有如箭尖般巨大的倒勾，這個倒勾能將滑溜溜的獵物送到喉嚨裡，不會滑出。鳥類中舌頭數一數二奇怪的就是企鵝，牠們的舌頭如地獄圖中的針山一般滿滿是刺，除了舌頭，口腔上顎也全是刺，對被吃的魚來說完全是個「鐵處女」刑罰。要是動物園的企鵝打呵欠了，務必要觀察一下，你一定會誠心發誓，下輩子絕對不要投胎成為南冰洋的魚。

鳥言鳥語

鐵處女是中世紀歐洲的刑具，外觀做成人形，
內側滿滿都是刺，是相當驚悚的刑具。

# 烏鴉的外掛超能力：瞬間判別核桃大小

敲開日本核桃（Japanese walnut）大快朵頤的小嘴烏鴉，是北日本秋天的代表景象。日本核桃外殼堅若磐石，光是用鳥喙敲一敲也敲不開，因此小嘴烏鴉要剝殼的時候會把日本核桃從高處丟下，或是讓車子輾過。此外，牠們似乎也理解平交道的號誌，有的烏鴉甚至會在號誌變紅燈時出現，把核桃放在等紅燈的車輪前。核桃油脂多、營養價值高，在寒冷的時期應該是很好的糧食。

如此聰慧的小嘴烏鴉在揀選核桃時也會發揮牠們對核桃的熱情，之前進行過一個實驗，把四到十公克重量各異的六個核桃排成一個圓形讓烏鴉挑選，大多數的小嘴烏鴉只要隨便看一眼，就會走向最重的十公克核桃，也就是說，牠們在實際碰到之前就知道最重的是哪一個。

核桃越重越大顆，代表說烏鴉只要選出六顆中最大的那一顆就可以了，但是核桃與腦漿一樣滿是皺折，形狀各不相同。更重要的是，核桃重量分別只差了一公克，大小的差異也微乎其微，小嘴烏鴉卻能夠選出最重的核桃帶走。這也算是小小的超能力吧，真的是所謂的「明察秋毫」呢。

鳥言鳥語

日本核桃的殼，
比人類常吃的核桃硬非常多喔。

# 對葵花子有莫名熱愛的金翅雀

向日葵盡情沐浴在盛夏太陽之中，開花結出大量的種子，營養價值高的葵花子很受到動物們的喜愛，倉鼠或大聯盟選手都很愛，鳥類當然也愛不釋手，尤其是麻雀、棕耳鵯、金背鳩和山雀類的鳥特別愛吃葵花子。

鳥類中對葵花子執念最深的恐怕就是金翅雀了。據觀察，有些金翅雀從葵花子開始成熟甚至到收割之後，每天都到向日葵田報到，無一日缺席。在食用的時候，牠們會從花冠上方往下吃得一乾二淨，即便花冠已經完全下垂了，牠們也會靈巧地停在上面吃乾抹淨，這一招麻雀與金背鳩似乎就學不來。

金翅雀銜住種子後，會先在嘴喙中把種子水平旋轉，技巧性剝掉外殼。牠們的鳥喙圓鼓粗大，不過前端是尖的，這樣的形態應該兼具剝開堅硬種子食用所需的力道，以及進行切割工作的細膩。我們從塑膠模型的零件框架「喀喀喀」剪下零件時會使用專用的斜口鉗，感覺也許就像是牠們在使用鳥喙吧，所以被金翅雀咬到其實比想像中更痛。

鳥言鳥語

金翅雀的叫聲是「唧唧唧」，
稍微分岔的尾羽和黃色的翅膀是牠們別具特色的地方，
相當可愛。

# 會用工具和假餌釣魚的綠簑鷺

這條蟲看來好美味!!…不過好像不太自然，真可疑啊。
那個一定是誘餌。
這裡也有好吃的蟲呢。
這隻應該沒問題。
我開動……
啪啦!!
哇勒!!
游～
哇，不愧是前輩!!
我明明也用了同樣的蟲——
哼哼
只要掌握訣竅，這種程度根本易如反掌啦。

鷺鷥佇立在水邊的身影是日本原鄉風景的一部分，也是許多日本畫的題材，其中最醒目的就是人稱白鷺鷥的大白鷺、中白鷺和小白鷺，而夜鷺與蒼鷺這種藍灰色的鷺鷥也很常見。

綠簑鷺也是一種藍灰色的鷺鷥，夏天在本州、四國和九州繁殖，冬天會到九州以南的地區過冬，背上羽毛有一片如竹葉般的花紋。牠們不太會成群結隊，在岩石上凝視小魚遺世而獨立的模樣有種閑靜與孤寂。

牠們的特技是用活餌釣魚，在水面放置小魚或昆蟲之後，捕捉前來吃餌的魚，有時候也會把小樹枝或自己的羽毛當作假餌來釣魚。這種有智慧的捕食行為除了日本，美國、東南亞的綠簑鷺也會。

東京不忍池的小白鷺、大白鷺或夜鷺也會用鳥喙啄水面，假造昆蟲從天而降的波紋，並捕捉上當的魚類。美國的黑鷺同樣會敞開翅膀拱起身製造陰影，捕食自投羅網的魚。

鷺鷥們的獵捕不是窮追猛打，而是讓對方自投羅網，手段非常高明，簡直就是求偶的奧義。

鳥言鳥語

鷺鷥平常會把脖子收成S型，
要捕捉遠方的獵物時則會一口氣伸直。

# 綠繡眼是偏執的採蜜大盜

等價交換是這世界的原則，請人寄送行李就要支付相對應的酬勞，在自然界也不例外。舉個例子來說，果實提供果肉給搬運種子的鳥類，花則是提供花蜜給搬運花粉的對象。

花粉的搬運工不是只有蜜蜂，身邊常見的綠繡眼和棕耳鵯也扮演了重要的角色，是授粉者的代表。牠們在冬天會把臉埋進茶花裡面，讓鳥喙和眼睛都沾滿黃色花粉，這個模樣就像是熱衷於搶食糖果的小學生。

在沖繩和小笠原諸島都能看到綠繡眼群聚在花朵上的情景，牠們會聚集在大紅的木槿花上，很有亞熱帶島嶼的風情。不過木槿花很深，就算把整個頭埋進去，鳥喙也無法伸到有花蜜的地方，這樣就只是被迫搬運花粉，不算是等價交換了。木槿和綠繡眼之間的信賴關係也就因為木槿的背叛而瓦解，以牙還牙、以眼還眼也是世間常理，藍波[7]和《漢摩拉比法典》都是這樣說的。於是綠繡眼閃過花朵的正面，直接從旁在花萼附近啄洞盜取花蜜，鳥語花香的蜜月期就這樣告終了。

要是有人去了沖繩，一定要找找看木槿花萼旁開的洞口，這就是綠繡眼烙印的復仇吻痕。

7 驚悚動作片《第一滴血》的主角。

鳥言鳥語

《漢摩拉比法典》是西元前十八世紀左右制訂的成文法典，
也是美索不達米亞的古代文明制定的集大成法典，
知名的「以牙還牙，以眼還眼」就是源自於此。

# 鴨子會在水面上抖抖抖進食

群聚水面的鴨子是日本冬日水邊的代表風景，夏天頂多只能看到花嘴鴨，冬天就會有各種鴨子從北國前來日本，顯得特別熱鬧。可能是因為在水面上不太需要擔心被貓或鼬鼠等天敵攻擊，也可能是因為城市公園裡人多，讓牠們很快就不怕人了，所以鴨子在水面上漂浮時，似乎絲毫沒有在提防周遭，看起來相當悠哉，讓我們也慵懶了起來。

好的，在心平氣和地看著池中的鴨子，將迫在眉睫的工作拋到九霄雲外時，可能會發現有些鴨子在水面上將脖子伸到極限，身體小幅度地抖動，或是如小狗般繞著自己尾巴轉圈。這些動作看起來很不可思議，不過牠們不是想要引起注意，只是在吃水面的食物而已。鴨子的作戰計畫是先連水帶食物的含在口中，再晃動鳥喙甩出水來，吞下水面漂浮的藻類等浮游生物或小動物，尤其是琵嘴鴨，鳥喙邊緣如梳子一般，很適合過濾食物。鴨如其名，牠們的嘴喙很明顯就比其他鴨子更寬，應該一眼就能認出來。

在水面進食的鴨子展演出相當詩情畫意的用餐景象，不過斑背潛鴨和紅頭潛鴨這種潛水性的鴨子就很有攻擊性，牠們會游水捕捉貝類與蝦子。

鳥言鳥語

鴨子一族每年換羽兩次，剛到日本時的雌雄鴨都很樸素，
換羽之後，雄鴨就會變得很華麗。
換羽時，飛羽會全數脫落，所以有一段時間會無法飛行。

# 嘴巴內建吸管功能的鴿子

人類的前肢很靈巧，因此要喝水時可以使用杯子和吸管，要喝山上的山泉水時還可以用手捧起水來，一嘗自然的滋味。對許多其他的哺乳類來說，最經典的喝法是把舌頭伸進水中捲起來，可是鳥類沒有如哺乳類般靈活柔軟的舌頭，而且鳥喙很硬，沒辦法縮起來變成適合吸水的形態，所以主要是用鳥喙撈起水，仰頭讓水流入喉嚨中。麻雀一次能撈起來的水量可能很少，所以可以看到牠們反反覆覆在撈水、抬頭，很像是一直在鞠躬的樣子，讓人看了心都融化了。

而鴿子是難得可以用鳥喙直接喝水的鳥類，牠們只要把鳥喙深深伸進水中就能把水吸上來喝，可以說是吸管式喝法。

鳥類飛翔需要讓身體輕量化，不會把多餘的重量留在體內，水分應該也只會攝取生活所需的量，所以牠們會從食物取得水分，份量不足才去喝水。鴿子和麻雀是吃種子的鳥類，食物本身含有的水分比較少，也許就會更想喝水，也因此常常可以看到牠們喝水的身影。

鳥言鳥語

經常在飛行的燕子會貼著水面滑行，
同時張開嘴喝水。

# 麻雀靠著吃沙子消化食物

喔，這沙子感覺好像不錯。
我來試吃吧。
你剛剛吞了沙子嗎？
咦？嗯，我吃了啊。
為什麼要吃沙子啊？
為什麼…
不是啊，本來就會吃吧。
我還想問有人不吃的嗎？

看到麻雀或鴿子在啄地面時，你可能會猜想牠們是不是在啄食小種子，可是仔細一看，會發現牠們其實是不時地在吃沙子。

鳥類不像哺乳類一樣有長牙齒，鳥喙銜住食物後幾乎都是要整個吞下肚，對於從小被叮嚀要「咬過三十次才能嚥下去」的人類來說，這種行為實在是難以置信，不過相對地，鳥類也擁有兩個胃。

完整吞下肚的食物會先抵達食道途中的「嗉囊」，這是一個暫時存放食物的器官。接下來，食物會被搬運到第一個胃「腺胃」，並在這裡開始消化。食物攪和了腺胃分泌的消化液後，會被搬運到強健肌肉構成的第二個胃「肌胃」，如果是經常在吃種子、貝類等堅硬食物的鳥類，肌胃內壁會有如研磨缽一般的皺褶，可以像研磨芝麻一樣喀啦喀啦把食物磨碎。再加上牠們吃下的沙子和小石頭，就能把食物磨得更細碎，因此肌胃又稱「砂囊」，也就是肉舖說的「雞胗」。

有些植物擴大分布範圍的方式，是讓自己的種子與鳥類糞便一起排出。如果遇到的是野鴿或金背鳩這種砂囊很發達的鳥類，牠們吃了種子後會悉心將種子磨碎，這樣豈不是被「白吃一頓」了？不過還是有小粒的種子可以行經胃袋而不被磨碎，真是巧奪天工的設計。

鳥言鳥語

有些東西砂囊無法消化，會從口中吐出來，名爲「食繭」。
調查食繭可以知道這隻鳥吃了什麼東西，
因此這對鳥類學家來說是很重要的研究材料。

# 棕耳鵯愛吃水果的代價就是拉肚子

有些人想在冬天吸引可愛的綠繡眼出現，就會在庭院或陽台擺放蜜柑，不過大多時候都無法達到目的，因為綠繡眼會被棕耳鵯趕走，蜜柑也被棕耳鵯霸占，庭院與陽台會一秒變成棕耳鵯的場子。沒錯，棕耳鵯很喜歡水果，牠們喜歡吃院子或田裡的柿子和蘋果，行道樹或籬笆上的南蛇藤、日本女貞和日本花楸的果實。

鳥類特別愛吃紅色或黑色的果實，而且這種植物可能本來就是期待鳥類來吃，果實或種子才會變成鳥類喜好的顏色，這是一種把自己的子孫混入鳥糞中，散播到遠處的作戰計畫。非靈長類的哺乳類屬於二色視覺，能夠辨別顏色的錐狀細胞種類很少，因此不太能分辨顏色。不過鳥類是四色視覺，牠們能看到更加繽紛的世界，果實的紅與黑色，可能也是為了在吸引鳥類的同時，掩蓋哺乳類的耳目才演化出來的顏色。

但倘若果實被吃進去，種子也被徹底消化掉，對植物來說就是「白白被吃」了，因此有些植物會在果實或種子中摻點毒，這種毒素會害棕耳鵯的肚子咕嚕咕嚕叫，在消化前就把種子排出來。也就是說，植物提供給棕耳鵯的食物中摻了瀉藥……想到這裡，就會覺得棕耳鵯有點無辜呢！

鳥言鳥語

槲寄生的果實有點難搞，雖然雀科鳥類很愛吃，
不過果實黏答答的，排便時未消化的種子會留下黏質物，
讓種子連成一串，掛在屁股上。

# 外表可愛但行事驚悚的紅頭伯勞

紅頭伯勞是插食之王
各位觀眾大家好，今天要介紹的是這位……
插食蜥蜴
首先，準備好新鮮的蜥蜴。
接著像這樣……把牠插在樹枝上。
用力
用力
不是樹枝也沒關係，尖尖的東西都ok喔。
接下來放著風乾就好。對了，這位已經放了兩個星期。
乾扁～
這可以當作存糧或孩子的零食等，
用途很多。
好的，接下來就來插食白頰山雀……
呼嘯——
哇——!!!

紅頭伯勞攻擊的對象，從昆蟲到小鳥等各種生物都有，這種小小猛禽是小型鳥界首屈一指的獵人。一說到紅頭伯勞，很多人都知道牠們會將抓到的獵物如活祭品般「插食」，插食的生物包括昆蟲類、蜈蚣、蚯蚓、青蛙、泥鰍、小鳥、老鼠和東亞家蝠等等，種類相當多元。這些形形色色的獵物會被串插在細樹枝的尖端，或是被塞在分岔的樹枝間，有時也會被夾在圍籬縫隙或塑膠繩裂縫中。在原始山林中看到生物乾糧確實有點驚悚呢！

插食通常會在秋冬被發現，不過這只是因為秋冬時樹葉凋零，比較容易找到而已，其實在春天到夏天的繁殖期也會有插食的行為。有人就曾目擊紅頭伯勞在鳥巢附近串插麻雀後，一點一點餵食雛鳥，因此，紅頭伯勞可能只是把串插當作暫時存放食物的方式嗎？不過很多時候屍體只是被晾在一旁變成乾屍，所以也不能排除「主要目的是宣示領域」這一說。

除此之外還有個相當有趣的例子，有報告指出紅頭伯勞把有毒的蚱蜢插在荊棘上放了一陣子，等到無毒之後才食用。目前還不知道這個行為與解毒之間的因果關係，要是解毒真的是牠們的目的，那還真的是很聰明呢！

鳥言鳥語

「伯勞的祭品」是日本秋天的季節語，
聽到牠們「吱吱吱」的高鳴，
看到被晾在一旁的屍體，確實會有種秋意蕭瑟的感覺呢。

# 缺鈣？跟白頰山雀一起吃蝸牛就對了

第一次生蛋好緊張喔。
我也是，挾蛋很可怕耶～
是嗎？那妳們最好先吃這個喔！
噹～～噹～～蝸牛！蝸牛可以讓我們免於缺鈣的不安，是好東西啊！
咦——真的嗎？
有效嗎～？
噹～噹～
吃過蝸牛的地方媽媽分享
其實我一開始也很懷疑，但是吃了一個立刻就能感受到成效！不僅可以喀啦喀啦把蝸牛當零食來吃，而且還有美容效果喔♥
好棒！
可是很難找到吧？
蝸牛現在在葉背大量出沒中!!!
而且而且!!現在還可以同時吃到煙管蝸牛!!
GET!!
好棒！是時候來吃了！
現在立刻去！
哇——!!

每當有人勸我喝牛奶才會長高的時候，我都會覺得不太對勁，牛奶不是牛寶寶在喝的嗎？鳥類大概也是這樣想的，牠們不會為了補充鈣質就攻擊牛隻。

雌鳥不能沒有鈣質，畢竟牠們必須生蛋，而蛋殼的成分就是鈣質。也許有人會想說，既然如此，不要生蛋，直接把小寶寶生出來就好了。有些蛇與魚類確實是不生蛋直接生出胚胎的「卵胎生」物種，不過鳥類飛行需要盡可能減輕體內的重量，與其長時間懷胎，不如把小孩封進蛋中盡早排出。

因此，鳩鴿、雁鴨和雉科的雌鳥在生蛋前都會在骨骼中儲存鈣質，輕量化的鳥足和翼骨都是中空的，在這個時期就會在骨骼內部製造「髓質骨」這種海綿一般的組織以備生蛋。

不過雀形目的小型鳥沒有這種組織，牠們進入繁殖期就會慌慌張張開始吃起平常不吃的東西，鵐、鷦鷯和日本歌鴝一族會吃很多糙瓷鼠婦或蜈蚣，白頰山雀與鶺鴿一族則會大吃蝸牛殼。人類的法國料理會享用蝸牛肉，不過鳥類需要的是富含鈣質的蝸牛殼，如果蝸牛減少，說不定鳥類也會減少。

鳥言鳥語

恐龍也有髓質骨，
你知道髓質骨可以用來判別暴龍化石是公是母嗎？

# 會向白頰山雀學習進食技巧的麻雀

冬天在餵食台放上葵花子、牛脂或落花生，就能吸引白頰山雀報到，一股腦兒吃不停。有人覺得只餵飼料並不滿足，便把落花生殼穿線垂吊在樹枝上記錄觀察，結果發現白頰山雀會用各種方式吃花生。有的會拉起線，把花生帶到樹枝上，用腳踩住後剝殼，有的會倒掛在成串的花生殼上把殼啄破，而山雀這類鳥兒的靈活度在小型鳥界是數一數二的。

麻雀也造訪了這個庭院，一開始牠們沒有碰花生，只是眼睜睜看著白頰山雀吃，後來漸漸就開始模仿白頰山雀的吃法，可是牠們始終剝不開花生。白頰山雀和麻雀的骨骼比例、鳥喙大小、體重、握力、擅長的姿勢與動作都不同，要將白頰山雀模仿得維妙維肖應該很困難。

然而在三年之後，麻雀終於能倒掛在線上剝開花生殼，成功吃到花生了，此時有三隻麻雀來到庭院裡，牠們各別擅長不同的招式。也許牠們學了白頰山雀的技巧之後，又互相學習彼此的技巧，才終於水到渠成吧。現在也漸漸發現鳥類可以從相同或不同的鳥種身上，學習有利於進食與繁殖的知識。

鳥言鳥語

在英國，人們常會把落花生放進籃子裡吸引白頰山雀，
有研究指出，英國大山雀的鳥喙在短時間內變長，
以利自己更容易吃到人類餵食的飼料。

# 無法克制埋藏食物衝動的山雀

呵呵～♪把果實收到這個洞裡。
很冷又沒東西吃的時候就吃這個吧～!!
然後這個果實在風強的時候吃。
跳
跳
這個在天氣好的時候吃。
這個在很閒的時候吃。
然後這個就在我忘記把果實藏在哪裡時吃～♪
……啊……
要是我忘記這裡怎麼辦…
那就吃藏在這裡的果實!!
然後忘記這裡的時候…
我們待會去吃那邊的果實吧。
咦?可以嗎?
可以啦，反正他也不記得吧。

美國會稱呼有收集癖、不丟東西但一直囤積的人為「pack rat」（囤積的老鼠），pack rat是林鼠屬齧齒類的總稱。鼠如其名，牠們會在地底巢穴中大量囤積小樹枝與垃圾，聽說有的是巨大倉庫，從久遠以前就開始在使用。

山雀類是鳥界的pack rat，其實牠們並不會什麼都囤積，可是到了秋天，赤腹山雀、褐頭山雀和茶腹鳾就會到處收集野茉莉、栲樹和北方紅豆杉的果實埋到地底、樹幹縫隙或樹皮下。這種行為名叫「儲藏食物」（caching），可能沒多久就會取出食用，也可能會先存放一陣子。

有些鳥類在儲藏完就忘了這些食物，不過食物也不會浪費，被遺忘的種子到春天又會發芽了，對於希望種子盡量被搬運到遠方的樹木來說，這種散布種子的方式也不賴。

山雀類中的雜色山雀特別愛儲藏食物，牠們想埋起來、拿出來的癖好特別強烈，身手也夠靈巧，可以抓住、銜起、拉近物體。正也因為這樣的習性，雜色山雀在以前還被當作藝人（鳥）進行表演，「抽籤」或「打水」這些絕活在祭典上都相當廣為人知。

鳥言鳥語

pack rat的老倉庫似乎有助於
了解以前生長在北美的植物呢。

# 有爪萬能的老鷹

好，兒子啊，來練習狩獵吧。
這個
你把這個當作鴨脖子練習擒拿看看!!
善用爪子喔。
好——。
嘿!
唉~我沒事。
抓
啪沙
啪沙
這種程度我逃得掉。
嘿喝!嘿喝!
用力
用力
用力
呱呱呱~~~~!!
這樣不行~~~我會死——!!!
爸爸，你不必演鴨子吧。
為什麼?
臨場感在這種練習中很重要吧。

「吃飯要有吃相，不要那樣吃！」

要是用腳抓小菜來吃，只會被媽媽罵或是淪落被丟進雜耍團裡的下場，不過鷹形目鳥類才不在乎什麼吃相，牠們會用腳捕捉獵物，蒼鷹抓兔子、魚鷹抓魚、黑鳶抓豆腐皮[8]。

烏鴉與海鷗不用腳，而是口中銜著食物飛走，感覺可能會被海螺小姐[9]追趕，這是因為牠們不擅長用腳抓著獵物飛行，用不用腳的差別是在爪形。老鷹或貓頭鷹這種用腳抓獵物的腳爪會有一個彎曲的弧度，因此能夠牢牢抓住獵物。

從腳爪可以發現，不同鳥種會有不同形態，白頰山雀會停在樹枝上，有弧度的爪子才好抓住樹枝，因此牠們的腳爪是彎的；啄木鳥會垂直在樹幹上自由走動，牠們的腳爪更是彎曲如彎勾。反過來說，常在地上走動的鴿子腳爪就很平直，雲雀棲息在草地，向後長的腳爪幾乎與腳趾等長，因為腳爪的表面積增加也可以提升在地面上的穩定感。

爪子或鳥喙這種直接接觸外界的部位，通常都會因直接接觸的對象而有很獨特的演化結果。順帶一提，無論是多聰明的老鷹都無法收起爪子，要是有人見到會收爪的老鷹，他實際看到的應該是貓。

8 典出日文俗諺，意指重要的事物突然被搶走。
9 日本知名漫畫《海螺小姐》的主角。

鳥言鳥語

鳥的腳趾也有很多種，大部分是前三後一，不過啄木鳥是前二後二喔。

# 紅領綠鸚鵡辣手摧花

好甜，櫻花好甜!!
咬斷
咬斷
咬斷
好嗨啊!!
棒呆了!!
啊，快看!!
咬斷
咬斷
那邊也有好多鳥在吃!!
來，大家一起吃吧。
好，我可不會輸喔!!
咬斷
咬斷
喔喔喔!!
咬斷
哇喔，好棒!!
一起吃更好吃耶!!
＊趕趕趕趕趕趕趕趕
你們不要這樣吃!!
太浪費了!!!
喔~~好~~可怕!!
哇—
どど
ど
どど
どどど

「大胃王比賽」中，大胃王或快食者的吃相之猛總是讓人嘖嘖稱奇。櫻花盛開的時候，鳥界的大胃王、暴食專家就會在上野公園現身，那就是紅領綠鸚鵡。很多人都知道麻雀會咬斷櫻花，不過其實紅領綠鸚鵡也不惶多讓，牠們會從根部把花扯下，吸取完花萼附近微乎其微的花蜜就隨手拋棄。

最近都市區有一種體型大的綠色鸚鵡數量變多了，有人也稱為紅領綠鸚鵡，不過其實這是紅領綠鸚鵡的 *manillensis* 亞種，寵物店有時候會統稱為「月輪鸚鵡」。牠們原本棲息在印度或斯里蘭卡，現在全球都把牠們當寵物飼養，結果又發生寵物野生化的現象。日本是從一九七〇年左右開始會看到，主要出現在東京一帶。牠們通常會成群結隊飛來飛去，叫聲又是「啾」或「啾啾啾」，不但很有特色也很大聲，因此馬上就能認出來。

尤其在傍晚要返回夜棲地時，會無比嘈雜，有一說認為這個聲音是在爭吵睡覺的地方。牠們主要的食物是植物，不管是花、芽或葉，不管果實是軟是硬，反正鳥喙很堅硬，可以兵來將擋，水來土淹。牠們喜歡在大樹上的洞裡築巢，胃口好的鳥類生命力果然也很堅強。

鳥言鳥語

牠們來自溫暖的地區，卻不怕日本的冬天呢！

# 候鳥的祕密

有些鳥類會在育雛的「繁殖地」與過冬的「度冬地」之間「遷徙」，這些「候鳥」又分成兩種，一種是如燕子的「夏候鳥」，春天到秋天在日本繁殖，冬天在溫暖的南國度過；另一種「冬候鳥」正好相反，如同許多鴨子一般，冬天來日本過冬，繁殖時會前往日本以北的北國。

候鳥遷徙可能是為了育雛，或者更有效率地取得過冬所需要的食物。有些鳥類則是「留鳥」，如麻雀般幾乎全年都在同個地方，也有些像棕耳鵯一樣分成留鳥組與遷徙組。從日本以北的繁殖地，遷徙到日本以南的度冬地，途中過境日本的鳥類是「過境鳥」，牠們短暫休息之後又會重起啟程，讓人有種一期一會的感覺。

有些鳥體型較小難以加裝追蹤器，因此目前還無法掌握牠們的遷徙路徑。就現有資料來看，冬候鳥小天鵝會往返北海道和俄羅斯的北極圈，旅程大約三千公里；夏候鳥東方蜂鷹會往返日本與印尼，橫渡亞洲大陸的旅程大約一萬公里。另外還有往返南北極的北極燕鷗，與有時會翻越八千公尺高山的簑羽鶴。有些鸌科與鴿科鳥類的消化器官已經變得非常小，在遷徙過程中就可以不吃不喝。遷徙是短時間長途移動的「飛行」，也是最有「鳥味」的生活模式了。

第3章

# 鳥類的愛情世界

# 彩鷸的喉嚨裡藏了一個法國號

如果春天到孟夏時分的夜裡，在水田聽到「嗚──嗚──」的聲音，也許就是彩鷸發出的叫聲，雖然天色暗了看不到牠們，不過牠們會在青蛙的合唱中以響亮的聲音唱歌，吸引異性。

彩鷸的雄鳥與雌鳥角色互換，雌鳥鳴唱吸引雄鳥，雄鳥則要孵蛋育雛，雌鳥把育雛的工作交給雄鳥後，會再與其他雄鳥談戀愛、生蛋並讓對方育雛。喜愛吃小動物的她們完全就是肉食性的現代新女性。

彩鷸雌鳥的聲音有個祕密，一般鳥類的氣管是從口腔筆直接到肺，可是彩鷸的氣管如法國號一般在喉嚨的地方捲成漩渦狀。鳥類是用氣管深處的鳴管發聲，彩鷸的氣管更長，因此能夠發出好聲音。

紐幾內亞的號角輝天堂鳥（又稱極樂鳥）雌鳥氣管更長，在全長三十公分的身體裡容納了七十五公分的氣管，長長的氣管無法完全收在喉嚨中，因此在胸部盤了五圈。牠們應該是透過氣管震動胸骨，把肺部和氣囊等空間當作共鳴箱發出聲音的，相當於法國號配上小提琴的一人交響樂。

響亮的聲音會讓人預設對方體型很大，因此這也可以說是在「模仿」成體型大的鳥，心生恐懼的掠食者在布來梅音樂家的面前只能挾著尾巴逃走，追求健康伴侶的異性則會很喜歡牠們，鄉村音樂家在戀愛戰線上可說是一箭穿心的狙擊手。

鳥言鳥語

雌雄二型的鳥類中，
雄鳥配色較爲鮮豔的比例遠高於雌鳥，
可是彩鷸的雌鳥卻比較鮮豔，雄鳥反而很樸素。

# 需要歌唱老師指導的日本樹鶯

日本樹鶯的鳴唱是「ho~hokekyo」，此外還有一種俗稱「谷渡」的叫聲「嘰啾嘰啾嘰啾嘰啾」。「嘖、嘖」也是牠們會發出的叫聲，不過這不是鳴唱而是鳴叫，比較樸實而小聲。

日本樹鶯總是被捧成歌王一般，不過與鶲科鳥類和紅頭伯勞相比，牠們的歌單其實並不多。算是一首歌走天下的歌手，而且幾十年都靠這首歌餬口。擅長「ho~hokekyo」的只有雄鳥，而且日本樹鶯是一夫多妻，只要能唱好ho~hokekyo，不但能繼續保有領域主權，還可以廣納後宮，因此鳴唱的優劣對雄鳥來說，是攸關生死的問題，牠們會孜孜不倦地精進自己的歌藝。

以前某個外景節目推出了一個古怪的唱片特輯，講到收錄日本樹鶯歌王鳴唱的唱片。以前在日本還有許多鳥類的時代，民眾可以自由飼養日本樹鶯與綠繡眼，也很盛行用歌藝比輸贏的遊戲。

野生的年輕日本樹鶯會聽周遭的老手雄鳥鳴唱，並學習牠們的唱法，不過從雛鳥開始就由人類照顧長大的日本樹鶯沒得學，牠們大多會效法其他由人類飼養的日本樹鶯，因此當唱片這個發明出現在這個世界時，才會有個點子王想到「可以做這個節目」吧。

鳥言鳥語

江戶時代除了日本樹鶯，還可以養各式各樣的鳥類，現在日本已經禁止飼養野鳥，日本樹鶯也一樣。

# 用模仿秀贏得佳人芳心的紅頭伯勞

吼~~…
吼啾啾啾!!
吼啾啾啾!!
唉呀，是歌藝很差的日本樹鶯呢！
紅頭伯勞
是年輕人嗎？
吼~~…
吼啾啾…
吼啾
啾!!!
……結果是同伴雄鳥啊。
我會模仿叫很快的日本樹鶯…
吼吼啾啾!!!
還會模仿喜歡不同音節組合的日本樹鶯喔。
好厲害。
你喜歡日本樹鶯嗎？
吼～～…
吼啾～啾!!
嗯，我喜歡喔，
很好吃。
竟然是喜歡味道。

日文的「二舌」指的是舌燦蓮花，意義很負面，所以如果是「百舌」應該就不得了了，紅頭伯勞的日文漢字寫作「百舌鳥」，牠們能夠發出各種聲音。說到紅頭伯勞的叫聲，秋天「嘰嘰嘰嘰……」的高聲鳴叫最令人印象深刻，很多人也知道牠們到了繁殖期會模仿其他鳥類的鳴唱。在聽到庭院樹上的東方大葦鶯「啞啞、啞啞」啼叫後，馬上又在同個地方聽到雲雀「吱吱喳、吱吱喳……」的鳴唱，真的會讓人大吃一驚，此時不免俗地要停頓一口氣後吐槽：「紅頭伯勞別來亂！」

其他鳥類如黃眉黃鶲會模仿竹雞或寒蟬的叫聲，松鴉會模仿灰面鵟鷹或熊鷹等猛禽類的叫聲。會鳴唱的是屬於雀形目的「鳴禽類」，能夠聲音模仿的鳥類比例據說高達全球鳴禽類的大約百分之二十。這些鳥類具有能夠學習後輸出的發達腦部，以及發出複雜聲音的器官，而且牠們都活到老學到老。

為什麼要模仿別種鳥類的鳴唱呢？有一說認為牠們希望受雌鳥歡迎，許多會模仿的鳥類都是歌單越長，桃花越旺。另外也有一說是認為牠們想透過複雜的叫聲來驅趕敵人。

鳥言鳥語

也就是說，只要學到一點模仿技巧，
就能獲得女性的愛了啊……

# 鴨子會跨越種族墜入愛河

在生物分類時，要把相似的生物分在同種或不同種是永恆的課題，可能有人聽過這個標準：可以交配是同種，無法交配是不同種。這屬於「生物種概念」（biological species concept）的思維，實際上，很多情況都難以用是否能繁殖當作分類的標準，因此最近不太會採用。

從現實的情況來說，野外幾乎不會看到雜交的個體，因為與不同物種配對會減少與同種繁殖的機會，而且雜交的小孩無論羽毛顏色或花紋都不倫不類，不太受異性歡迎──野生動物沒有閒工夫去做這種不利己的行為。

不過鴨子卻不同了，到了冬天，綠頭鴨、小水鴨、尖尾鴨……有時候一個池塘就聚集了十種鴨子。仔細去找，會發現有不少個體具有兩種鴨子的特徵，鴨子一族為什麼容易生出雜交的後代呢？除了綠頭鴨與花嘴鴨的雜交之外，還可以找到其他各種組合的個體。

不同種的雄鴨外形是截然不同的，可是雌鴨卻都穿著褐色羽衣，讓賞鳥人都相當頭痛，也許這樣的外形對鴨子來說，也很難分辨吧。

鳥言鳥語

花嘴鴨的雌雄鳥同型，背部後方的飛羽有白色的邊緣，
雄性飛羽邊緣白色稍大，
但因爲個體間也有差異，所以眞的很難分辨。

# 金背鳩示愛的方式是……繞圈圈

響亮而繁複的鳴唱是鳥類向異性求偶的方法之一。有些鳥也會用美麗的羽毛吸引異性眼光，有些則會送食物當禮物，還有些如澳洲的天堂鳥則會跳舞，或如園丁鳥會蓋起小屋加以裝飾，不同鳥類對異性示愛的方式也各不相同。

鳥類努力透過美麗又帶著血淚的方式，拚命留下後代，但是有一種鳥的求偶方式是「悠悠哉哉飛舞」，很有大將之風——金背鳩。牠們不同於群聚在車站與公園前的野鴿，羽色與花紋沒有個體差異，身體都是藍灰色，脖子有藍白的條紋，通常都是單獨或成對行動，叫聲是「嗚、嗚、咕——咕——」。也有人稱之為「山鳩」，不過牠們也會在城鎮中出沒，即便有人或車子靠近了，金背鳩也不怎麼會躲逃，平常就不拘小節，相當穩重。

求偶的飛行稱為「展示飛行」（display flight），金背鳩會振翅飛到一個高度後，張開雙翅以滑行姿勢慢慢旋轉下降，恍如花式滑冰的阿拉伯式螺旋。乍看之下好像只是普通的飛行而已，不是很起眼，仔細一看就會發現牠們的滑翔很優雅美麗，若是當你看到金背鳩在旋轉滑翔，不妨猜想一下，看看牠們的愛情是否會開花結果。

鳥言鳥語

東方蜂鷹的展示飛行是挺起身子，
以高舉雙翅到幾乎與頭同高的姿勢飛行，
大田鷸會邊鳴叫邊飛舞向上，並拍打翅膀發出聲音急速下降。

# 在世界中心敲打愛情的啄木鳥

沒有一個鳥種是叫「啄木鳥」，在日本更沒有以「啄木鳥」（kizuzuki）命名的鳥，通常是以「啄木」（gera）命名，常見的有日本綠啄木、大斑啄木、小星頭啄木等等。日本綠啄木僅見於本州、九州和四國，是日本的特有種，甚至還有國外的賞鳥人為了看牠們遠道而來。

即便名字中沒有「啄木鳥」（kizuzuki），牠們依然會啄木，森林中「豆豆豆豆豆」這種打輪鼓般快節奏的聲音，是啄木鳥的雄鳥在宣示領域或求偶時，以堅硬的鳥喙敲打木頭發出的，名為「擊鼓聲」（drumming）。這算是啄木鳥之所以名為啄木鳥的品牌特色，而且擊鼓聲越大越出色，所以牠們會去找能發出響亮聲音的東西啄，這應該是「大聲＝有力＝很強的雄鳥」的三段論法吧。

乾枯的樹敲起來比活生生的樹更響亮，因此牠們常常去啄枯木與木頭電線桿，有時也會啄那些收拉防雨窗的空間、信箱和人類為其他鳥類搭的鳥巢箱，中空的物體無疑都會淪為牠們的打擊樂器。不過要是在清爽寧靜的早晨，啄木鳥卻使出連打技，讓聲音透過牆壁傳遍整棟房子，擾人清夢，又或是有小型鳥正打算要在鳥巢箱中養育可愛的雛鳥，啄木鳥卻來打個不停，在箱上開出新的洞，對這些受害者來說，啄木鳥大概就只是個大麻煩吧。

鳥言鳥語

以前啄木鳥名爲「kerazuzuki」，可能也因此有很多鳥以「gera」命名。kerazuzuki指的是「啄蟲」，聽說就是因爲牠們會啄蟲來吃，才這樣命名。

# 獻魚求婚的翠鳥是暖男

請選擇我吧！
妳看!!我給妳的魚比他的更大一點點喔！
唔…
好煩惱喔〜〜〜〜
可、可是我更深情喔!!
深不深情很重要吧!?
嗯〜是啊〜
嘿，這位小妞。
噹噹〜
我可以給妳很大的魚喔。
要不要選我啊？
!?
!?
!!
魚、魚的大小只是表面!!
重要的是心意吧!!
對吧!?
盯——

聖誕節、生日、結婚紀念日、情人節……現代社會逢年過節就要送禮，相信一定有人曾經因為不小心忘記送禮，結果使得人際關係產生了小摩擦吧？想到這裡，就不免讓人想酸溜溜地說聲「當鳥真好」，不過，其實就算是在鳥界，也免不了會有送禮文化。

擁有寶藍色的美麗羽毛，在日本被稱作「溪流寶石」的翠鳥就是一例，只要是有魚又能築巢的環境，即便是稍嫌不乾淨的河川，牠們也能安居樂業。

翠鳥的雄鳥在繁殖期會捕魚送給雌鳥，若雌鳥中意這隻雄鳥，就會收下魚進行交配。捕魚除了能展現出「我超會捕魚的啦」，同時也可以讓接下來要生蛋、孵蛋的雌鳥補充營養，是一石二鳥的求偶方式。而且雄鳥捕到魚之後會在棲木上甩打，把魚打昏，更方便雌鳥食用，還會注意要從魚頭交給雌鳥，以免吞食時卡到鱗片，真是體貼又細心的暖男啊！

黑鳶、遊隼、褐鷹鴞、小燕鷗、紅頭伯勞以及灰喜鵲都會採取這種「求偶餵食」（courtship feeding）的行為，遊隼的雄鳥抓到小鳥後在空中拋出，雌鳥也會在空中接住，是一種充滿野性的愛之拋接遊戲。

鳥言鳥語

遊隼雄鳥的求偶餵食
也是在岩棚或樹上直接把獵物交給雌鳥喔。

# 白頭偕老？其實鴛鴦伉儷年年換偶

鴛鴦這種鳥類常常被比喻成白頭偕老的夫妻或佳偶，也是受人喜愛的吉祥圖案，但是，其實鴛鴦每年都會更換伴侶。請各位不要因此就抨擊說「鴛鴦根本貌合神離」，除了鳥類之外，動物界也常常有這種夫妻關係，而且鴛鴦在繁殖期間依然是伉儷情深的。

鴛鴦屬於雁鴨科，冬天會造訪城市裡的池塘，雄鳥具有非常鮮豔的繁殖羽，牠們會在一到三月湊成對，四到八月在相對山區（若是在北海道則會在平地）的森林中找大樹的樹洞築巢。築巢地點由雌鳥決定，築巢、孵蛋到照顧雛鳥，都是雌鳥的工作，雄鳥的工作則是保衛領域，不過當雌鳥生蛋後，雄鳥就會離開，在下個繁殖期前尋找其他的伴侶。可能有人會覺得都什麼時代了，這樣做會不會有點超過？不過這是人類本位的思維。這是鴛鴦長期以來養成的繁殖方法，對牠們來說這就是最好的方法，鳥類有一夫多妻、一妻多夫和多夫多妻，就是因為每個類型都有其必要，才會漸漸變成現在這樣的繁殖形態。

雖然有像鴛鴦這樣年年換偶的鳥類，但也有像丹頂鶴、天鵝、白頭海鵰、長尾林鴞、短尾信天翁這樣，一生只有一個伴侶。

**鳥言鳥語**

鴛鴦也會在遠離水邊的大樹上築巢，
雛鳥出生後可能會跳出巢外，
或走很長一段路前往安全的水域。

鳥事小百科 ③

# 四時愛鳥樂　春～夏

春天到夏天這段期間是鳥類的繁殖季節，牠們要建立領域、尋找配對的對象、育雛，是一整年最忙碌的時候。

從早春開始，麻雀就會「啾啾啾」叫，白頰山雀會「刺嗶、刺嗶」叫，發出聲音洪亮的鳴唱，聽到叫聲時可以側耳傾聽，找找看電線桿或交通標誌牌上等顯眼的地方。

在成雙成對之後，可以觀察到牠們勤奮築巢的身影，看到長尾山雀等小型鳥口中滿滿的葉草或地衣、勤快搬運巢材的模樣，讓人不覺想為牠們加油打氣。等雛鳥離巢，就可以在鳥群中看到比成鳥顏色更淡的可愛雛鳥。

此時夏候鳥也會出現，燕子會在田地、河邊與城鎮之間飛來飛去，日本把看見候鳥燕子的第一天稱為「初見日」，各地都會有紀錄，「燕子前線」與櫻花前線一樣都是春天的一大盛事。

山林中也會充滿優美的鳴唱，孟春的樹葉才正開始發芽，所以視野會很清楚，是個容易觀察鳥類的季節。不過千萬不要偷窺鳥巢裡面，鳥類無法分辨敦厚的人類與天敵有什麼差別，一旦判斷這裡不適合育雛，牠們可能會決定棄巢出走。

在盛夏到來之前，育雛任務也會告一段落，想像雛鳥在綠意盎然的樹林和草叢中成長的樣子，也是一大樂事。

第 4 章

# 養育鳥寶寶

# 調虎離山之計：模仿老鷹叫聲的大杜鵑

夏天高原上傳來了優美的「布穀、布穀」聲，聲音的主人眾所周知就是布穀鳥大杜鵑，只要聽到這個聲音，全世界的人都會想為牠們命名為布穀鳥，英文名「cuckoo」果然也是從叫聲來的。

不過會布穀叫的只有雄鳥，雌鳥是「咿咿咿」叫，也就是說「布穀」只反映了雄鳥的特徵，在現在這個講求男女平權的現代，這種獨尊男方的名字實在是丟臉丟到家。而且雄鳥也會「咿咿咿」叫，如果要平等體現雌雄雙方的特質，日文名可以從「布穀」改為「咿咿咿」。

好的，其實這個「咿咿咿」與老鷹的叫聲相似，大杜鵑因為會托卵寄生而聞名，會將蛋產在其他鳥類的巢裡，要是東窗事發了，費盡心思產下的蛋就會被丟棄。於是牠們打了一個如意算盤，先是模仿老鷹叫，趁著親鳥產生戒心逃跑時，再偷偷在巢裡下蛋。大杜鵑的背部是灰色，腹部有橫條紋花色，配色也與「北雀鷹」如出一轍。

托卵就是把孩子丟給別人帶大，從這點來看就是坐享其成，無事一身輕。可是大杜鵑已經沒有築巢的習性了，再也無法自己育雛的牠們，讓物種存續的首要任務就是要具備萬無一失的托卵功夫，也因此大杜鵑會自我精進，鍛鍊出如魯邦三世[10]般巧妙的詐欺術。

10 漫畫《魯邦三世》的角色，設定是最傑出的神偷。

鳥言鳥語

古希臘哲學家亞里斯多德的著作《動物誌》（*History of Animals*）中就已有記載大杜鵑托卵，可見托卵從以前就廣爲人知了。

# 燕子想在人類身邊育兒

喔!!這裡好像很適合築巢耶!!
這裡面
燕子會為家人帶來幸福喔。
會不會來呢？
接受度也很高喔！
河川很近，要蒐集泥土也很容易!!
好!!就決定是這裡了!!
呵呵呵
哈哈哈
再來就是伴侶了…

有些燕子到了春天會遷徙來日本，開始在屋簷下築巢。牠們會在泥土中摻進枯草與唾液，如灰泥匠般靈巧地塗在垂直的牆上，蓋出自己的鳥巢。

大多數的鳥類都不會在人潮眾多的地方築巢，不過燕子會積極在房屋玄關、店家入口等一直有人來人往的地方築巢，可能是因為牠們想利用人類。

對燕子來說，最可怕的天敵是老鷹或貂這種掠食者，牠們會攻擊其他鳥類位於高處的鳥巢，不過卻沒辦法隨便靠近出入人潮眾多的地方。另一方面，燕子還會吃掉農作物的害蟲，因此人類也越來越重視牠們——人類與燕子之間建立了彼此雙贏的共生關係。

其實日本並沒有在人工建築物外的地方發現過燕子的巢，人類生活雖然帶給自然界不少負面影響，但是對於燕子來說，我們卻是不可或缺的。

只是說人類也不過就幾千年前才蓋出了能讓燕子築巢的那種房屋，在沒有人工建物的時代，燕子想必是在洞窟等地方築巢的，也許人類就是在扛著石斧頭、啃著長毛象帶骨肉時，初次在洞窟中與燕子相遇呢。

鳥言鳥語

會遷徙來日本的燕科鳥類包括
家燕、東方毛腳燕、金腰燕、灰沙燕與洋燕，
只有灰沙燕會在懸崖上挖洞築巢喔。

# 哭么功力一流的杜鵑雛鳥

鳥寶寶出生了…奇怪?!
怎麼感覺…跟去年的樣子有點不一樣…!!
該不會被杜鵑托卵了吧…?
啊~可是本能還是會想餵食啊~
杜鵑
啾啾
之後——
跟我們很像呢。
嗯,跟去年的寶寶差多了。
也就是說,去年是完全上當了呢。
就是啊。

大杜鵑與小杜鵑都不築巢，牠們會進行托卵，在其他鳥類的巢裡生蛋後，讓代理親鳥育雛。雛鳥會比巢主的寶寶更早孵化，並將其他蛋丟出巢外，雛鳥背上甚至有一個用來揹蛋的凹槽，讓牠們可以順利地揹起蛋來、運到巢邊、丟出巢外。

有不少鳥種的雛鳥口中都是黃色的，親鳥看到這個顏色就會產生想要餵食的衝動；杜鵑雛鳥的口腔也是鮮豔的黃色，張大嘴巴可以刺激親鳥的育雛欲，然後就能吃個不停，最後長得比代理親鳥還要巨大。

杜鵑科中有一種會「ju-ichi」叫的北方鷹鵑。鳥類翅膀的手腕部位在日文裡稱為「翼角」，北方鷹鵑雛鳥的翼角沒有長羽毛，皮膚又是鮮豔的黃色，只要張開嘴同時舉起兩邊的翼角，看起來就像是有三隻雛鳥在討食，代理親鳥會受到分身術的迷惑，以為「雛鳥好多我好忙」，只好勤奮地抓蟲回來。

可是代理親鳥一直受騙被托卵就無法留下自己的後代了，在上當無數次後，牠們會演化到能分辨其他鳥的蛋。被代理親鳥看穿之後，杜鵑會去找其他替代的鳥種進行托卵，不斷重複這種賊性不改、鵑性不改的行為。

鳥言鳥語

大杜鵑與北方鷹鵑的蛋，無論顏色、花紋都與寄主鳥的蛋很相似。

# 麻雀會特意在昆蟲季育兒

選寶寶的飼料還真辛苦啊——
咬
只有這隻，就這樣吧。
跳 跳
來，吃吧。
蠢蠢欲動…
等等!!! 你做什麼!?
不行!!
現在不能餵這麼大隻的!!
大寶寶 中寶寶 小寶寶
你要配合成長階段選合適的蟲啊!!!
可是丟了也浪費，就餵吧。
蠢動…
反正吃進去都一樣嘛。

即便是吃植物的鳥類如麻雀和金翅雀，也幾乎都會餵雛鳥吃昆蟲這種動物性食物。關東地區繁殖的麻雀會在三月底到四月初左右開始築巢、下蛋、孵蛋，五月初左右就會不辭辛勞為孵化的雛鳥運送食物了。

雛鳥期越長，被敵人攻擊的風險就越高，因此在孵化後的兩個多禮拜，牠們就必須長好骨骼、長好翅膀、長好肌肉，變得與成鳥差不多大，而且還必須學會怎麼飛。因此雛鳥需要富含蛋白質的動物性食物，在昆蟲大量增加的孟夏，雛鳥的食欲也正旺盛，所以牠們會選在這個時機繁殖。食欲旺盛的孩子最愛吃肉，人類和鳥類都一樣。

麻雀大多會在地面、樹木與人工物的縫隙間徘徊抓蟲，也常常能看到牠們四處飛舞尋找蟲子的模樣。昆蟲不是只求有就好，牠們會依據雛鳥的成長階段悉心挑選，雛鳥還小的時候，餵食小而柔軟的蟲子，隨著長大就會漸進式改成更大更堅硬的食物。有時候為了抓到合適的蟲子，牠們也會飛離鳥巢幾百公尺去尋找。麻雀和白頰山雀的育雛季是同個時期，不只是人類會蜂擁到特賣會的現場，鳥類也會轟轟烈烈大開蟲戒。

鳥言鳥語

麻雀等小型鳥會捕捉相當大量的昆蟲育雛，
法國和中國都曾經因爲驅逐了麻雀，
造成害蟲大舉入侵農地的災情。

# 烏鴉會用新建材築巢

你看!!我發現了可以用來當作鳥巢底座的材料!!
那是什麼？
真的能用嗎？
好厲害，超級穩固的耶。
對吧!!
那邊有很多，我去拿過來!!
接著…
好耶!!
好像變成一個很厲害的巢!!
噹ー！
噹ー
我見一個就撿一個…可是好像不需要那麼多。
太興奮了。
超大～～
～～～

冬天如果在枯樹的高處看到了一窩小樹枝，那可能就是烏鴉的舊巢。烏鴉巢是以樹枝組成，約五十到八十公分的盤狀大小，裡面鋪滿苔蘚、樹皮、鳥羽毛或草，整理得很舒適，確保雛鳥不會冷到。前面講的都是傳統的建築材料，時下的烏鴉巢當然也會用到一些自然界沒有的新建材，如塑膠繩和塑膠袋等等，有些鳥類會很積極使用這些方便的材料來築巢，綠繡眼也常常用塑膠繩。

衣架是備受歡迎的新建材，而且不是那種黑色塑膠製品，也不是武田鐵矢揮舞的木衣架[11]，而是送洗衣服時會使用的鐵線衣架。曾經有人目擊烏鴉從家裡陽台偷走衣架，因此要是覺得陽台的衣架數量少了，可能就是被烏鴉拿去為寶寶築巢了，可以抬頭找找樹上有沒有藍白粉紅五彩繽紛的鳥窩。

牠們也會用新材料讓鳥窩內部變得柔軟，在人類生活圈的生物特別會用寵物的獸毛，聽說就連上野動物園的大熊貓都會是牠們的獵物。同樣是動物園，好像可以理解比起山羊毛，為什麼牠們更想用熊貓毛。

11 武田鐵矢在系列電影《刑警物語》中把衣架當雙節棍耍，是相當出名的戲碼。

鳥言鳥語

烏鴉喜歡在枝葉茂密、可以藏窩的大樹上築巢，
不過某些個體也毫不介意，
會選擇電線桿或電塔這種被看光光的地方。

# 長尾山雀的軟綿綿被窩

媽媽，這條棉被好蓬鬆喔!!
是啊，這是努力為了你們做出來的喔。
這個軟綿綿的是什麼？
這是兩隻雄鴨為一隻雌鴨展開殊死鬥時脫落的羽毛喔。
那這個軟綿綿的呢？
這是烏鴉在玩耍打發時間時殺死的鴿子喔。
好厲害喔，是由各種軟綿綿組合的呢!!
是啊，要感謝軟綿綿喔。

小型的留鳥會在稍早於櫻花盛開的時間點準備築巢，長尾山雀也是其中之一。牠們的鳥喙據說是日本鳥類中最小的，牠們勤奮蒐集、搬運築巢的材料，小小鳥嘴塞滿東西的模樣，簡直就是「可愛」的代名詞。牠們使用的巢材包括樹皮、鳥羽毛以及蜘蛛絲、地衣、苔蘚等等。

鳥巢的形狀也滿特別的，牠們會在樹枝的Y字分岔處做成球形，上方只開一個出入口的洞，洞口還有屋簷結構，外牆的苔蘚上會用蜘蛛絲或蛾的繭絲縫上地衣，防水加工相當完美。產下蛋的巢底、巢室內會鋪滿鳥類羽毛、昆蟲巢穴等軟綿綿的東西，做工精緻，沒想到外表可愛的牠們竟有如工匠一般專業。

有人曾數過牠們巢室裡用了多少鳥羽毛，沒想到一個巢裡竟然就超過了一千片，多的甚至有兩千九百片，要蒐集到這麼多羽毛應該是費盡了千辛萬苦。就愛知縣的例子來說，長尾山雀雖然用了棕耳鵯、草鵐、黑臉鵐這類小型鳥的羽毛，不過大部分用的都是日本綠雉、金背鳩、野鴿、巨嘴鴉、小嘴烏鴉、蒼鷺、夜鷺、綠頭鴨、小水鴨、尖尾鴨、花嘴鴨或雞這種大型鳥的羽毛。冬天水邊的鴨子會掉落很多羽毛，所以應該很好蒐集，小小長尾山雀銜著大大羽毛奔波的身影，真的很可愛。

鳥言鳥語

長尾山雀是很輕盈的鳥類，在早春這個築巢的季節，
可以看到牠們停在樹幹上蒐集地衣，
或者在飛行中咬住空中飄舞的鳥羽毛。

# 沒什麼築巢天分的金背鳩

金背鳩與棕耳鵯、灰椋鳥相同，本來都是常常出現在農地、山地林中的鳥，因此日本的年長者可能會比較熟悉「山鳥」這樣的稱呼。一九六〇年代起，牠們進軍都市，現在許多地方都變得很常見了。

牠們的鳥巢本來是用樹枝建在樹上。雄鳥和雌鳥有各自的分工，雄鳥會折斷樹枝或撿樹枝回來，雌鳥會坐在築巢地點接過雄鳥帶回來的巢材，組成盤形。有些圖鑑上會寫說金背鳩的鳥巢「粗製濫造」，確實，有時候抬頭往上看，都能從樹枝和樹枝間看到蛋，不過一想到牠們撿拾一百到兩百根樹枝的辛苦模樣，還是令人於心不忍，覺得講「粗製濫造」太狠了。

近年來，牠們也開始在電塔或大樓陽台等建築物體上築巢，也許空調的室外機或熱水器等平坦的地方真的很穩固，所以牠們可能只用少少幾十根樹枝築巢。咦？粗製濫造？不不不，不是粗製濫造，想在都市找到合適的樹枝並不比在山林裡容易，而且只要蛋不會亂滾就不成問題了。金背鳩有時候還會把舊巢稍作調整後就直接拿來用，用的還不只是金背鳩的巢，只要其他鳥類的巢夠堅固，牠們也不會介意。我再說一次，金背鳩一點都不隨便，牠們是不拘小節。

鳥言鳥語

沖繩縣西表島周圍的小島沒有地面型掠食者，因此金背鳩也常在地上築巢，真會因地制宜呢。

# 麻雀可能會在敵營中育兒

麻雀可以說是在日本最常見的野鳥，而在大自然中，牠們其實也是最處於劣勢的鳥類。

麻雀的食物是植物種子，也常常去吃稻穀，因此不時會被當作害鳥驅逐，而且牠們棲息在植物很多的開放環境中，在掠食者眼裡是一群隨找隨有、手到擒來的獵物，在蒼鷹的菜單中也是最受歡迎的餐點。

因此，對麻雀來說，成群結隊是保護自己的重要手段，被掠食者攻擊時，鳥群越大，個體被捕食的機率就會越低。這道理就像班級人數越多，在課堂上被老師點到的機率也越低一樣。

麻雀雖然是弱者，但是牠們還留了一招保命之術：與天敵老鷹為友。蒼鷹或黑鳶這種猛禽類會在樹上堆疊許多樹枝，築起非常氣派的鳥巢，麻雀有時候會在牠們鳥巢下方的縫隙築巢，利用的就是「當局者迷」的盲點。老鷹沒發現腳下的獵物，其他掠食者又忌憚老鷹而不敢靠近，可見最危險的地方就是最安全的地方，弱者自有弱者的一套生存法則。

鳥言鳥語

灰喜鵲有時會在日本松雀鷹的鳥巢附近築巢。
日本松雀鷹會趕跑想要獵捕雛鳥的巨嘴鴉，
灰喜鵲想利用的就是這一點。

# 搶輸地盤就托卵的灰椋鳥

杜鵑會托卵的行為相當出名，牠們看準代理親鳥的生蛋期間，產下相似的蛋，想辦法成功托卵，而且杜鵑的雛鳥比代理親鳥的蛋更早孵化出來後，就用屁股把其他蛋頂出巢外並霸占食物，臉皮實在是奇厚無比。杜鵑雖然是恆溫動物，體溫變化卻很劇烈，這個奇怪的特徵讓牠們無法獨力孵蛋，可能也因此才會無計可施，走上這條路。

杜鵑會托卵給其他鳥種，不過有些鳥類會進行「種內托卵」，也就是托卵給同種的其他親鳥，灰椋鳥與鴛鴦都是代表的例子。這兩種鳥都有能力獨立繁殖，有時卻會選擇托卵。

灰椋鳥是成群結隊生活的鳥類，而符合灰椋鳥鳥巢大小的樹洞有限，因此即便牠們想繁殖，繁殖地也未必還有合適的築巢地。事實上，只要在灰椋鳥進入繁殖期前擺放許多合適的鳥巢箱，托卵的灰椋鳥便會減少，可見要是能獨立繁殖的話，牠們也不想托卵吧，因此可以推斷，只有搶輸地盤的親鳥才會「趁機」在其他親鳥的巢裡生蛋，想來也是有滿多苦衷的。

鳥言鳥語

灰椋鳥本來會在樹洞裡築巢，在城市裡則是偏好建築物的縫隙，如收拉防雨窗的空間或換氣用的通風口等等，春夏時分能看到牠們進出這些縫隙的身影。

# 注定要手足相殘的金鷹

啊!!金鷹哥哥在欺負弟弟!!
啾—啾—
鷹媽不管嗎?
嗯。
對我們來說很稀鬆平常，
這也是一種生存法則。
是喔。
幸好我們手足都能相親相愛的長大呢。
嗯…嗯，是啊。
我還記得喔，小時候哥哥把我推開，搶走了食物…
滾開。
哇。
咚!

《舊約聖經》的該隱與亞伯，《古事記》的小碓命與大碓皇子[12]，原野綻放的小連翹花[13]，這些都是手足相殘的悲劇，令轉述者與聽者都潸然淚下。不過在自然界裡，這些不是過去的傳說，而是如今依然在上演的血淋淋現實。

「手足相殘」聽起來很有懸疑故事的味道，但是這其實也是鳥類構思出的一種生存策略。金鵰通常每隔三、四天會生兩個蛋，如此一來孵化時期會錯開，手足的成長就會有差異。孵化後兩周左右，幾乎每個鳥巢中先誕生的個體都會啄死晚生的個體，這種習性在日本的金鵰身上很常見，在國外卻很少見。

既然其中一個蛋注定要殞落，產兩個蛋，乍看之下好像很多此一舉，但是要是蛋沒有順利孵化，或誕生的雛鳥沒能順利成長，另一個蛋就有意義了。大型鳥類的繁殖需要好幾個月，要是中途出了差錯，可沒辦法輕易從頭來過，因此從結果來看，有個備胎以防萬一，成本會比較低吧。

「可以談談鳥類的繁殖有什麼可供人類育兒參考的例子嗎？」偶爾會有人委託我講這個主題。

呃……我無法。

12《古事記》爲日本最早的歷史書籍，記載大碓皇子搶走了父皇的寵妃，弟弟小碓命誤解父皇的命令，抓住皇兄並殺害之。

13 漢字寫作「弟切草」，傳說在平安時代，養鷹人家的弟弟將小連翹調配的藥草祕方透露給鄰家的情人，哥哥知道後盛怒之下砍死了弟弟。

**鳥言鳥語**

棲息在小笠原或沖繩的白腹鰹鳥也有同樣的習性，
雖然會孵出兩隻雛鳥，但是經過手足相殘後，
鮮少會發生兩隻都能離巢的情況。

# 樂於幫忙帶小孩的長尾山雀

唉…完全找不到對象。
我真的很沒用吧…
唉呀，好可憐。
乾脆別找了，去帶小孩怎麼樣？
對耶!! 我可以順便學學怎麼帶小孩。
轉身
那就請多指教了!!
不是，我們家人手充足，你去找別人吧。
也是啦…
沉默
人手夠的話也不能勉強…
嗯～
那…就拜託你幫忙看顧我們的巢吧？
真的嗎？
轉身
那就拜託了。
我好像知道他為什麼不受歡迎了。

日本的鳥類大多是一夫一妻制，在極罕見的案例中，長尾山雀、灰喜鵲和翠鳥會委任幫傭，這些幫傭名為「幫手」。牠們自己不繁殖，只負責協助其他親鳥的繁殖、幫忙搬運食物或保衛領域，幫手制（helpers at the nest）是合作生殖（cooperative breeding）的型式之一。

長尾山雀大多會由有血緣關係的親戚來協助繁殖，不過其他合作生殖的鳥類會幫助無血緣關係者。長尾山雀的幫手公認是雄鳥多於雌鳥，不過某些鳥類的雌鳥幫手較多，或者也有雌鳥雄鳥數量差不多、幫手多到氾濫的情況。

幫手本身應該也能得到各種好處，譬如說悉心養育自己的弟妹、姪子和外甥可以留下與自己相近的基因，或者未來繼承主人領域的機率會更高。但假設在幫手過多的情況下，只要沒有發生和鄰近家庭爭奪主權、沒有天敵來襲這些大小事，有些個體平常也只能遊手好閒，幫不上什麼忙。

在這樣的幫手世界裡，有時還會看到長尾山雀在幫忙餵食白頰山雀，也許長尾山雀就是不能自己，很想成為當幫手吧。

鳥言鳥語

西方灌叢鴉分布在美國到墨西哥一帶，屬於鴉科，
目前發現，牠們在幫手的協助下可以養育更多雛鳥，
親鳥的存活率也更高。

# 麻雀幼鳥會成群結隊離巢

日文以「群雀」指成群的麻雀，可見我們對麻雀有一個集體生活的印象，不過，其實在孟春到夏天這段時間，是成對的親鳥和小孩一家子一起生活。成群結隊的是剛離巢的麻雀幼鳥，秋天會有幾千到幾萬隻聚集在郊外的農耕地，牠們同時起飛、如雲霞般移動的情景實在令人震懾。

麻雀幼鳥白天吃農地或草地的種子，晚上會在蘆葦地等長得較高的草地或行道樹上歇息，牠們有時候會在車站前的行道樹上歇息，黃昏時分許多麻雀進進出出，啾啾啾啾吱吱喳喳吵個不停。只要當牠們是國高中生的團體合宿，就會覺得吵鬧是理所當然的了，選在車站前團體合宿是因為這裡很安全，人多的地方，天敵就少。

此外，只要利害關係一致，有些鳥類並不介意與其他鳥種攜手合作。繁殖期結束的白頰山雀、褐頭山雀等山雀，就會和其他種山雀成群結隊。有時候綠繡眼、長尾山雀等小型鳥，以及啄木鳥如大斑啄木也會加入團隊，名為「混種鳥群」（mixed-species flock）。鳥的數量增加，監視的眼睛也更多，鳥群會更加安全，在食物稀少的冬天還可以彼此分享食物地點的資訊，是一種互相合作共存的方式。



鳥言鳥語

繁殖期需要育雛，因此要防衛領域、儲存食物，
秋冬則要互相合作，這是爲了繁衍後代的生存智慧。

# 不要錯過溫馨可愛的花嘴鴨親子

鴨子幾乎都在俄羅斯等日本以北的地區繁殖，會在日本育雛的是少數中的少數，比較常見的只有花嘴鴨。只要是水邊，無論是湖泊、河川、城市公園的池塘都可能遇到牠們，所以務必把握機會，好好觀察牠們的可愛幼鳥。

花嘴鴨是在草叢中築巢，春天到孟夏期間生蛋，每次繁殖會產下七到十四顆蛋，生蛋數量較多是鴨子一族的特徵，不過能夠順利長大的卻寥寥可數。生蛋後大約一個月就會孵化出雛鳥，鴨子屬於「早熟型」，出生時就有黃色羽毛，也就是所謂「小雞」的狀態，馬上就能步行或游水。幼鳥在河川、水田和公園池塘跟著親鳥搖搖晃晃步行，或者排隊游水的模樣真的相當惹人憐愛。只是說幼鴨成長得很快，八月左右的時間，就可以長得幾乎和親鳥一樣了，這個時期的水田正好在結穗，啄食稻穗的鴨群對農家來說，可能是一群小麻煩吧。

會在日本繁殖的雁鴨科鳥類還有鴛鴦和丑鴨，鴛鴦在寒冷地區的落葉樹林繁殖，丑鴨則是在少部分地區的深山中繁殖，因此很少有機會看到牠們育雛，不過最近開始有比較多對鴛鴦會在札幌市等都市地區繁殖，愛鳥人士也都溫暖地守護著牠們。

鳥言鳥語

就算找到了花嘴鴨的巢，也不要去驚擾牠們，
聽說有些鴨子在生蛋、孵蛋期感受到壓力，
就會直接棄巢。

# 習慣啄紅色花紋的海鷗寶寶

有些海鷗的鳥喙上會有紅色花紋，這是親鳥與幼鳥之間默契的記號。海鷗幼鳥啄了親鳥鳥喙前端的紅點討食物，親鳥就會受到刺激，吐出食物給幼鳥。

鳥喙上的花紋會因鳥種而異，之前有一場實驗是把成鳥頭部的模型給幾個不同種、剛孵化的海鷗幼鳥看，用不同的鳥喙顏色與大小、紅點的形狀、位置和配色去調查雛鳥的反應。結果發現幼鳥對於模樣像親鳥的模型比較有反應，對於鳥喙長度或花色不同的模型，啄的次數也會比較少。最驚人的是，幼鳥天生就懂得用鳥喙溝通，沒有經過任何學習。

然而令人意外的是，幼鳥反應最好的不是與親鳥類似的黃底紅點模型，許多幼鳥都會對前端有三條白線的紅棒產生最多反應，啄的頻率比啄類親鳥模型更多次。而且要是在幼鳥眼睛的水平高度揮動模型，牠們會啄更多次。有白線條的紅棒也許看起來很像巨大的紅斑點，不管像不像親鳥，幼鳥可能是生性就對這種特徵會產生強烈的反應。這些幼鳥在成長的過程中，會漸漸能明確辨別出比較接近親鳥的頭與鳥喙後再討食。

鳥言鳥語

現在認爲海鷗親子可以透過鳴叫聲辨別彼此，
親鳥餵食時也會發出聲音。

# 育兒全年無休的鴿子

媽媽，我肚子餓了。
好好好。
現在就餵你～
＊吼吼吼吼吼!!
フオオオオオオ!!
咕嚕
咕嚕
秘技
ピジョンミルク!!
＊祕技：產出鴿乳!!
我也餓了。
呼—
這次就麻煩老公了。
交給我吧。
看我的。
＊祕技：產出鴿乳!!
秘技
ピジョンミルク!!
フオオオ!!
＊吼吼吼吼吼!!
咕嚕
咕嚕

動物都有「繁殖期」，最大的原因在於如果不在適合育雛的時期繁殖，氣候不好，食物又少，就會很難把小孩養大，所以日本鳥類的繁殖期幾乎都是在春天到夏天這段時間。

不過有些鴿子全年都可以繁殖。在公園或車站前觀察野鴿，可以看到雄鳥的求偶行為，牠們會鼓起身體追求雌鳥，讓自己看起來更巨大。求偶比較常在早春到孟夏發生，可是氣溫降低後依然可以看到，可見牠們的繁殖是全年無休的，而金背鳩與黑林鴿也全年都能繁殖。

鴿子之所以能夠全年繁殖，是因為牠們解決了氣溫低時期「食物減少的問題」。雛鴿會吃「鴿乳」這種液體長大，這是由親鳥餵食的食物。親鳥食道中間有一個「嗉囊」，這個儲存食物的器官內側剝落形成了鴿乳，是種營養豐富的食物。而且鴿乳不同於哺乳類的乳汁，雄鳥也能分泌，所以夫妻可以輪流餵食，這種隨時都能分泌的鴿乳讓牠們一年三百六十五天都能繁殖。

野鴿出生半年左右就具備繁殖能力了，每次平均只能生兩個蛋，雖然有點少，不過多的時候一年可以繁殖五次。鴿乳造就了這種驚人的繁殖力，也就難怪車站前淨是野鴿了。

鳥言鳥語

綠鳩的繁殖期和多數的鳥類一樣，
只在春天到夏天而已，鴿子也分很多種呢。

# 小鷿鷈過度保護的生存育雛戰

雛鳥的成長有兩種類型，一種是「晚熟型」，孵化時羽毛還沒長齊，眼睛也還沒張開，需要親鳥保暖、餵食食物一陣子。另一種是「早熟型」，孵化時已經長出羽毛了，馬上就能自己站立行走。在樹上築巢的鳥類如燕子、麻雀和烏鴉是晚熟型，而鴨子和雉雞這種在地上築巢的是早熟型。地上的敵人多，雛鳥一破蛋而出就必須馬上站起來自己覓食。

小鸊鷉常被誤認為鴨子，不過牠們是屬於鸊鷉目，是另一群的早熟型鳥類。牠們是在公園池塘裡一潛下去就遲遲不肯浮上來的潛水鳥，相當受到歡迎。牠們的鳥巢與鴨子不同，不是建在地上而是在水上，用水草掩護做出「浮巢」。在育雛時期，親鳥會餵食雛鳥食物，或把雛鳥揹在背上移動，場面相當溫馨可愛。

奇怪？牠們不是早熟型嗎？這樣是不是過度保護啊？小鸊鷉是潛水捕魚蝦的水鳥，雛鳥還不會潛水，只能吃親鳥抓來的食物。親鳥噗通一聲浮出水面時，雛鳥會爭先恐後游去親鳥身邊，只有最快游到的那一隻才能獲得食物，果然是相當嚴峻的生存比賽呢。

鳥言鳥語

滋賀縣的琵琶湖別名「鳰之海」，
鳰指的就是小鸊鷉，是滋賀縣指定的縣鳥喔。

# 四時愛鳥樂 秋～冬

時序進入秋冬，樹葉變色凋零，草木枯萎，不過這也是個容易看到鳥類的季節，好比說夏天在草叢裡很難見到的日本樹鶯，這時候就會露出真面目來。此時更容易找到繁殖用的舊巢，也有更多機會撿到換羽掉落的羽毛。探索鳥類各種生活的痕跡，也是我們在原始山林中散步的樂趣之一。

對鳥類來說，這是個食物越變越少的季節，牠們會在水邊的蘆葦叢啄食植物莖裡的昆蟲，仔細翻開枯葉尋找獵物，因此秋冬可以看到牠們透過各種方式全神貫注覓食的身影。

大約十月左右，準備在日本過冬的冬候鳥就會飛來，斑點鶇、黃尾鴝這種小型鳥與小水鴨、綠頭鴨等鴨子都是容易觀察到的鳥類。尤其是鴨子的體型比較大，又會出現在公園池塘，小孩也很容易找到，所以此時也可以穿暖暖的出門去賞鳥。

冬候鳥早春時分就會前往北方繁殖，本想離情依依地目送小水鴨與斑點鶇離去，卻可能發現牠們遲遲不走，感覺自己表錯了情。那些個體也許是在更南的地方過了冬，於是在遷徙的途中休息一下而已，讓人想溫柔地慰勞牠們長途旅行的辛苦。

第5章

# 有趣又驚人的鳥類身體構造

# 遊隼以時速三百公里的高速攻擊獵物

在賞鳥的時候，有時會看到鳥群突然起飛、四處竄逃，此時如果再往高空看，也許會看到急速驟降的老鷹或遊隼。敵人若是只能在地面上發動攻擊的狐狸或貓，鳥只要拍拍翅膀飛走就安全了，然而要是被老鷹或遊隼鎖定，可就沒那麼容易對付了。遊隼有時可以飛出時速約三百公里的速度，讓鳥類都聞風喪膽。牠們是脊椎動物第一快，因此新幹線、重機、戰鬥機都用過「遊隼」當暱稱[14]。

不過，遊隼能在一小時內不停歇的飛到三百公里外嗎？其實也沒辦法。牠們只有在急速驟降的片刻才能飆出這種速度，也就是說，只要躲過這一刻，被追捕的鳥類就能存活下來。

鴿子或鴨子這種會被攻擊的鳥類，眼睛是長在頭部兩側，這樣視野會更加遼闊，能更早發察覺敵人的攻擊；而老鷹與遊隼的眼睛則是長在前面的，雙眼可以精準立體定位出獵物的所在。

逃竄的鳥兒一旦被逮到，想當然爾就是一命嗚呼了，反過來說，要是掠食者抓不到其他鳥類，就只能等著餓死，所以鳥群同時起飛，也就代表著賭上性命的鬼抓人遊戲開始了。

14 指的是一式戰鬥機、東北新幹線E5系新幹線電車與鈴木公司的GSX1300R重機。

鳥言鳥語

遊隼會把懸崖或電塔等喜歡的地點
當作監視處尋覓獵物，找到獵物時，
就會飛到天上一口氣驟降到獵物上方。

# 草鶺尾羽的白色有其意義（應該吧）

草鵐從草叢中飛了出來，牠們的顏色與大小和麻雀很像，不過尾羽的兩邊都有一條白線，這個特徵是草鵐獨有的，麻雀並沒有。

講是這樣講，但其實也沒有那麼獨特，白頰山雀、鶺鴒、白腹鶇和烏領燕鷗也都有白斑，金背鳩的尾羽除去中央兩片，前端也都是白的。尾巴的白斑是很普遍的配色，在許多鳥類身上都能看到。

闔上尾羽時，白色並不顯眼，張開時就會很搶眼，據說是因為猛地張開尾羽，就能吃到嚇得飛出來的蟲。實際上也有實驗指出，吃昆蟲的森鶯科鳥類，白斑被塗掉後，覓食效率變差了。

「可是金背鳩是吃種子的吧？」

種子確實不會被嚇到，所以這個白斑作戰計畫一定是想用尾羽吸引掠食者的注意力，好讓本體脫逃。

「可是烏領燕鷗是吃魚的，而且身處在沒有掠食者的島上吧？」

既然如此，就是想透過尾羽的花色，降低辨別是不是同種鳥的難度吧。

「感覺你好像是想到什麼說什麼耶。」

不是啊，因為……大自然出乎意料之外地複雜，未必能用單一的理由解釋清楚，真的啦，相信我，至少可以確定，尾羽是用來傳遞某些訊息給其他鳥類或生物的告示牌。

鳥言鳥語

鳥羽毛會重新長出來，
因此即便用來誘導掠食者而不慎脫落了也無妨，
只是說，在長出來之前，可能很難抓到飛行的平衡感。

# 鴞耳不是耳

好好喔，頭上的那個羽毛真帥氣。
嘿嘿嘿。
很棒吧——
大家的都有一點不同，好有趣喔!!
其實我也有喔。
雪鴞也有啊？
奇怪？
原來烏林鴞也有喔？
……。
這是…
脫落的羽毛…

鴞是鴟鴞科的鳥類，短耳鴞、鵰鴞確實都有名為在日文裡「羽角」的「耳朵」，不過就像木耳沒有聽覺功能一樣，鴞耳也不是耳。

麻雀和烏鴉身上好像都沒有類似耳朵的器官，可是鳥類是以聲音進行溝通的，不可能真的沒有耳朵。撥開頭部兩側的羽毛可以看到洞口，這就是牠們的耳朵，牠們沒有像人類一樣的「耳廓」，但是一定有耳朵的洞口。

鴞耳也長在頭部的兩側，羽角則是在頭上，與耳朵的位置不同。有一說認為羽角長得像樹葉的形狀，有助於偽裝，不過長尾林鴞或褐鷹鴞這些鳥種都沒有羽角，若是有助於偽裝，應該更多鳥種都會有。

羽角的功能目前還不是很明確，也許是用來辨別彼此的記號。羽角的外形因鳥種而異，短耳鴞的很小，東方角鴞的稍微大一些，長耳鴞的則是長得很長。牠們在夜晚世界活動，夜裡相當漆黑，色彩不會有什麼幫助，可是羽角的有無與形狀，可以製造外形上不同的特徵，更容易辨別是不是同種的夥伴。

這樣說來，龍貓也有耳朵，但是從位置來看應該不是真的耳朵，既然牠們也是在夜晚行動，想必那也是用來辨別是否為夥伴的特徵吧。

鳥言鳥語

長尾林鴞的臉又圓又扁，
可能是爲了能更有效率地蒐集到獵物的聲音，
功能宛如碟型天線。

# 腳短才是王道的翠鳥

我們腳很長，很萬用耶!!
嗯嗯，不管淺或深都ok啊。
方便
好方便。嗯…真的感覺很方便。
可是…!!
懸停之後!!
啪啪啪
急速下降!!
啊!
嘩啦
下潛捕魚!!
咬!!
還有挖巢穴!!
挖
挖
挖!!
陸海空全方位的腳才真的是萬用!!
…所以這雙腳的主人我怎麼樣？
舉起
舉起
好棒♡

腳長沒有比較了不起，不過腳長確實比較受歡迎，說什麼「重心太高容易跌倒，很不方便」都是酸葡萄而已。可是人類腳長的個體差，與鳥界腳長的多樣性相比根本就不值一提。

翠鳥是美麗的青鳥，在賞鳥界備受歡迎，日文寫作「翡翠」，也是取自同名的寶石。然而要觀察牠們的腳並不容易，畢竟翠鳥的腳奇短無比。

鷺、鶴、秧雞科鳥類都是吉露莎[15]日思夜想的「長腿鳥兒」，在水邊或草地生活，移動時不想被水或草干擾就必須有雙長腳，鳥類中腳特別長的高蹺鴴和大冠鷲分別就棲息在水邊和草地。短腿的翠鳥確實也棲息在水邊，不過牠們的獵食法是從空中下潛，在急速下降時收起翅膀，用長長的鳥喙攻擊魚。腳若長，水的阻力就會很大，應該就無法加速了吧。短腿成就了美麗的流線型身體，也證明牠們是一流的捕漁大師。

翠鳥有時會在河邊的懸崖，挖出將近一公尺長的隧道，長腿在狹窄的隧道內行走簡直難如登天。在這種空間裡，短腿才是真正適合的長度，所以對牠們來說，腳越短，越帥。

15《長腿叔叔》的女主角。

鳥言鳥語

冠魚狗、赤翡翠也屬於翠鳥科，
翡翠和魚狗都是翠鳥的別名。

# 游泳比走路厲害的小鷿鷉

小鸊鷉很擅長潛水，能俐落地在水中游動，捕捉魚蝦等小動物。有時候一潛就是二十秒，如果我們眼睛稍微沒盯緊，眨眨眼就以為已經不見了，結果卻看到牠們在意想不到的遠處噗通一聲浮出水面。

小鸊鷉在水中不會像企鵝一樣揮動翅膀，游動的動力是來自後肢。牠們的後肢是所謂的「瓣足」形態，划水的方式不同於鴨子。小鸊鷉腳趾兩側的皮膚比較肥大，呈現葉狀瓣膜，腳往前時葉瓣會收起，往後踢時就會張開，可以划水，就連腳爪也都是平的，趾爪是成套的划水裝。

牠們膝蓋的骨頭有一種「髕骨突起」的突起物，讓生長肌肉的面積更多，腳在划動時的肌肉量會變多，力道也會更強。潛水時，腳會往後伸，如蛙式般擺動，腳就在身體的後方，因此可以以蛙式的動作划水。

不過這種高性能潛艦就不太適合開到陸地上，由於腳長在身體後方，要是身體不整個抬起來走，就會導致重心不穩，寬度過大的瓣足走起來也會搖搖晃晃的，不良於行。幸好小鸊鷉的窩在水上，育雛也在水上，所以腳倒不成問題，想在地面上目擊小鸊鷉，應該是可遇不可求的。

鳥言鳥語

白冠雞也有一雙瓣足，比小鸊鷉更常在陸地上出沒，也許會比較容易觀察到。

# 家燕每年都會規規矩矩地歸巢

每年到了春天，應該有很多人都在期待家燕前來築巢吧？牠們是只會在夏天遷徙來的候鳥，從菲律賓、泰國、印尼等東南亞各國出發，飛行距離動輒就是五千公里。很多人會覺得「我一輩子都要留在家鄉」或「夏天去北海道，冬天去沖繩就夠了吧」，不過家燕每年都會規規矩矩地往返兩地，而且還有許多候鳥也如家燕一般。牠們隨季節遷徙的原因、候鳥與非候鳥之間的差異，如今還沒有完全得到解答，推測可能是與昆蟲等食物的數量有關。

家燕的身體重量不到二十公克，大約是四個十元日幣重而已（約四個五元台幣重），細長的翅膀也適合長時間飛行，因為翅膀能巧妙乘著季風，在不太需要用到體力的情況下一直飛。偶爾也能在船上看到牠們休息的身影，光是這樣的體能就已經很不得了了，在沒有GPS的情況下，還能精準回到原本的鳥巢，這種與魯邦並駕齊驅的回巢能力也令人嘖嘖稱奇。

據說候鳥白天以太陽、夜晚以星星的位置來為自己定位，最近發表的論文也指出有些候鳥能感覺到地球的磁場。也許牠們是以人類感官無法感知的方法在看這個世界的吧，而且即便沒有歌手松村和子聲聲呼喊的〈回來吧〉，牠們也一定會回來。

鳥言鳥語

野生家燕的壽命約爲二到三年，
因此，就算每年都有家燕回到同一個鳥巢，
也未必年年都是同一隻喔！

# 凡撞過必留下白色痕跡的鴿子

有沒有看過鳥類在一頭猛撞上窗戶或牆壁後，留下線條分明的白色痕跡呢？線條分明的程度好比《湯姆貓與傑利鼠》的湯姆貓會留下的那種。這種類似魚拓的痕跡，很多時候都是鴿子留下來的。

鴿子有一種名為「粉絨羽」的羽毛，長出來後立刻會細細碎化作粉末狀，好不容易長出來卻又變成粉末，感覺好像非常可惜，不過這是有原因的。粉絨羽粉末化後覆蓋在其他羽毛上，具有反彈水分、防髒污的效果。無論是飛行或身體的保溫，羽毛都是不可或缺的，粉絨羽也就扮演了保護羽毛的重要角色。

想看看粉絨羽嗎？鴿子當然不會有事沒事就撞到玻璃窗，所以可以等鴿子在公園池塘做完水浴後去看看，羽毛也許會輕輕浮在水面上。許多其他鳥類也都有粉絨羽，不過份量最多的是鳩鴿、鴟鴞、鸚鵡和鷺科鳥類。

鳥類是視力非常好的生物，可是大自然沒有玻璃這種透明而堅固的物體，因此高速飛行下常常會不小心撞到玻璃，在比較靠近大自然的地方，會把老鷹或遊隼形狀的貼紙貼在窗戶上，預防這類的「鳥擊」（bird strike）意外。

鳥言鳥語

玻璃反射出的樹林，
在鳥類眼中會是一片綿延不絕的樣子。

# 夜裡依舊是火眼金睛的鳥類

我們在餐桌上明明受到雞的許多照顧，日文卻以「鳥腦」代表記憶力差、「鳥眼」代表夜盲，說了一堆鳥類的壞話，實在是很沒禮貌。只是說在聽到無頭雞麥克（Mike the Headless Chicken）的故事後，確實會讓人覺得鳥腦好像只是裝飾品。麥克是隻實際存在的雞，牠的頭被砍飛後卻沒有一絲死態，在無頭狀態下活了一年半之久，因而締造了金氏世界紀錄。

英文的鳥腦，bird-brain，也是「笨」的意思，所以這也許是全球共通的認知吧。可是夜盲不是叫bird-eye，「鳥眼」是日本特有的壞話。

其實鳥眼未必是「鳥眼」，除了夜行性的貓頭鷹與夜鷹，鴨子和夜鷺也會在晚上覓食，日行性動物如小杜鵑和短尾鶯，也常常在夜裡飛行、鳴叫。可以確定的是，鳥類在黑暗中也能辨識障礙物與食物。許多種候鳥更會在夜裡遷徙，推測可能是因為白天空氣溫暖，容易產生亂流，相較之下，在氣流安定的晚上飛行比較有效率，可能還有一個好處，那就是不容易被日行性的老鷹攻擊。

對鳥類來說，覓食、遷徙和躲避掠食者都是攸關生死的行為，要是牠們真的夜盲，應該也差不多都滅絕了，之所以會被稱為「鳥眼」，可能是因為人類觀察者的夜間視力不佳，看不見夜裡活動的鳥類吧。唉呀呀，真是莫須有的罪名啊。

鳥言鳥語

鳥眼在日文還有「古錢」的意思，
據說是因爲有洞的古錢很像鳥的眼睛。

# 拉長身軀假裝自己是草的黃小鷺

我是黃小鷺。
我可以把身體拉長到極限，與蘆葦叢融為一體。
看吧，我完美的偽裝。
纖細～～～～
這樣一來就沒有人能找到我了。
ヒュオオ オオオ…
＊咻咻咻咻咻咻…
啊，風！
ヒュオオ オオオオオ…
＊咻咻咻咻咻咻…
完…完美的…
偽裝裝裝裝!!
咕咕咕…

黃小鷺身體全長約三十五公分，是在日本繁殖的最小鷺科動物，日本只能在繁殖期見到，是夏候鳥。牠們棲息於水邊的蘆葦叢或花葉香蒲叢，在蓮葉等浮葉植物上行走的模樣相當優雅，雙腳能牢牢抓住蘆葦葉或蓮花莖穩穩站好埋伏，捕捉游經下方的魚。

黃小鷺在敵人接近等情況危機的時刻會舉起鳥喙，把脖子與身體伸得又細又長，以周圍茂密細長的植物葉為掩護，進行「偽裝」。讓自己融入周遭環境、騙過敵人耳目的行為稱為「偽裝」（camouflage），普通夜鷹會偽裝成樹枝或樹皮，小環頸鴴的幼鳥會融入河邊的小石頭，牠們都是箇中的高手。黃小鷺其實只要躲進蘆葦叢中間就好了，不過，還是有極少的機會可以看到牠們在蘆葦叢邊偽裝，可惜牠們的顏色與綠油油的蘆葦不同，身體又比蘆葦還要粗，所以裝起來破綻百出。但是能夠紋風不動、堅持模仿植物實在是很需要毅力，「不動如山」才是騙過敵人眼睛的重要訣竅。

講到偽裝，有些被鳥類捕食的小動物還會變身為鳥糞，如鳳蝶幼蟲或鳥糞蛛。偽裝鳥糞的生物很多，可見應該是有其效果才會這樣演化。鳥類也一定不會對同胞的排泄物產生興趣吧，但有些鳥還是有辦法識破，實在不能輕忽大意。

鳥言鳥語

蜜蜂的黃黑花紋是用來告訴掠食者「有毒危險」的警戒色，
如果無毒的蜜蜂、虻、蛾也帶有類似的警戒色，看起來很鮮豔，
藉以躲避掠食者，這種叫作「擬態」（mimicry）。

# 每隻烏鴉的叫聲都不同

喀啊
喀啊
喔，是阿乖耶。
他聲音真不錯啊。
嗯，遠遠的也可以聽得很清楚。
哇啊
這個聲音是捲毛仔。
喀哈
禿子也在耶。
科、科、科、科、
…嗯？有個陌生的聲音。
什麼？
是隔壁鎮的傢伙嗎？
不知道。
去看看情況吧。
結果我還是付錢了!!
科、科、科、科!!
還真是浪費錢啊。
奇怪？沒看到耶。
明明就聽到奇怪的聲音…

「為什麼烏鴉會叫？」[16]這個問題很難回答。事實上，烏鴉會在不同情況下發出各式各樣的聲音，城鎮中會看到的巨嘴鴉常發出「嘎、嘎」的叫聲，不過有時候也會「咕嚕咕嚕」或「喔哇喔嚕」叫。烏鴉不會像小型鳥一樣發出優美的鳴叫，不過牠們還滿長舌的。

最近關於巨嘴鴉聲音的研究有了一些進展，其中包括了雌雄鳥聲音的差異研究。人類男性的聲帶和骨骼比較大，因此可以發出比女性低的聲音，雄鴉的鳥喙和舌頭比較大，氣管也比較長而粗，因此雌雄鳥能發出的聲音會有些微不同。而且即便是相同的叫法，粗略來說，雄鳥和雌鳥的母音發音也有很細微的不同。

其實「嘎」的叫法似乎也有個體差異，巨嘴鴉棲息的森林或都市中有各式各樣的障礙物，牠們看不見彼此的模樣，因此每個個體會發出些微不同的聲音，透過可以辨別發聲者是誰的聲音對話，可能就會讓情報的交換更有效率。此外，有場以人工飼養的烏鴉做的實驗，牠旁邊的鳥籠中沒有任何個體，但是播放出聲音之後，烏鴉會馬上探頭看籠外，花時間去確認聲音的主人。看來巨嘴鴉在辨識一個對象時，是以聲音和外形作為單位的。

16 典出童謠〈七隻雛鳥〉的歌詞。



鳥言鳥語

鳥是透過鳴管這種器官發出叫聲的，
鳴管發出的聲音經過氣管的調節可以改變聲調，
烏鴉與其他雀形目鳥類的鳴管都很發達。

# 鷺鷥的白要歸功於防潑水加工

小白鷺不管什麼時候看都好美～
真優雅。
他一定有用什麼特別的方法在保養羽毛。
就是啊，他不會像我們一樣抹什麼屁股油吧。
屁股油
屁股分泌的防水油脂
塗
塗
哇!?
小白鷺該不會也在塗屁股油吧!?
真的耶!!他在塗屁股油!!
屁股油果然很有用。
我也想變漂亮。
我說…可以不要再講屁股油了嗎？

沒有一種鷺科鳥類叫作「白鷺鷥」，「白鷺鷥」是通稱小白鷺、中白鷺或者大白鷺、牛背鷺這種全身白羽毛的鷺鷥。最不可思議的是，這些鷺鷥永遠都那麼白（夏天的牛背鷺會變成黃色的），雖然羽毛要是泡進髒水裡一樣會髒掉，可是一回神，牠們的羽毛又白回來了。其實牠們的白是有祕訣的，講到「白」，總是脫不了漂白劑或酵素清潔劑的印象，不過鷺鷥不一樣。

鳥類的羽毛表面有種很細微的構造可以輕易彈開水分，而且尾部又有「尾脂腺」這種器官，用鳥喙把這裡分泌的油脂塗到全身，就能加強防潑水功能。也就是說，牠們不是用清潔劑去污，而是身體本來就很難沾上污漬。

對鳥類來說，羽毛在飛行和保溫上扮演很重要的角色，辨別同伴也需要看羽毛顏色；對雄鳥來說，美麗的羽毛更是吸引雌鳥的華服，因此牠們隨時隨地都會記得整理羽毛。

講到白色的鳥，也要說說天鵝，有時候會聽說有人看到了髒髒的天鵝，不過灰色的天鵝大部分都是幼鳥，長大之後一定會變白，不必擔心牠們。

鳥言鳥語

整理羽毛對鳥類來說是很重要的工作，
常常一有空就會開始整理。

# 鳥看得見紫外線

我們好像能看到其他生物看不見的東西喔。
咦?是喔?
比如說這朵花閃亮亮的色彩，
能夠看到的好像只有我們和昆蟲而已耶！
閃亮
閃亮
哇!!是喔!!
搞不好現在你身後的人也只有我們能看到呢!!
咦?
閃亮
閃亮
應該……只有你能看到吧……
閃亮
閃亮……

全世界都充滿了「波」。《薛丁格音頭》[17]都這樣唱了，所以絕對不會有錯。宇宙線、電波、聲音與可見光都是波，可見光是人類肉眼可見波長的光，大約是三百八十（紫）到七百五十（紅）奈米，但是鳥類見到的世界或許比人類更繽紛，因為牠們能見到紫外光的區域。

人類有紅、綠、藍三種可以感光的「錐狀細胞」，也就是所謂的「光之三原色」，鳥類則多了一種，總共有四種。人類缺少的第四種錐狀細胞可以感知比紫光波長更短的光，也就是紫外光區域。既然人類眼睛看不見，也就很難說明這是哪種顏色，不過即便有些雌鳥與雄鳥在人類眼中如出一轍，鳥類卻能接收到紫外光的反射，因此在牠們眼裡可能就不一樣了。昆蟲也同樣看得見紫外光，牠們看到瑪格麗特（菊花）等花朵的「蜜源標記」，就知道花蜜的所在。鳥類或許也會利用紫外光覓食，最近更發現有些鳥類可以透過紫外光的反射，辨認出托卵的假鳥蛋。

實際辨識顏色的，是接收錐狀細胞資訊的大腦，大腦重組資訊後，可以理解這個顏色是「酒紅色」或「嫩黃色」，未來如果鳥類腦部研究有所進展，也許就能知道鳥類眼中的世界是什麼模樣了。

17 シュレディンガー音頭，以量子力學爲題材的歌曲，歌詞充滿量子力學的名詞，並會搭配相關的舞蹈動作。

鳥言鳥語

魚類能看到的顏色也比哺乳類更多，
哺乳類本來就是從夜晚世界中的夜行動物演化而來，
因此對我們來說，嗅覺和聽覺比視覺更爲重要。

# 夜鷹必須偽裝才能安心入睡

夜鷹化作美麗的藍光，成為仙后座旁的星辰。多虧宮澤賢治的童話《夜鷹之星》，讓夜鷹變得家喻戶曉，不過牠們是棲息於森林裡的夜行性鳥類，因此平常不容易看到牠們的模樣。可能有人會覺得「你說什麼傻話，夜行性動物都在白天休息，不是很好找嗎」。夜鷹白天確實會在樹枝上休息，但是牠們偽裝技巧之高超，可是連「終極戰士」[18]都要嘖嘖稱奇。尤其是夜鷹目林鴟科鳥類，牠們能變得比樹皮更樹皮，只要在粗樹枝上按兵不動，即便是派阿諾．史瓦辛格來也找不到。

如此善於隱形的夜鷹目鳥類中，弱夜鷹的隱身術又更上一層樓，畢竟這種鳥要是真的靜止下來，就會像冬天的古董摩托車一樣抵死不動。牠們的心跳下降、體溫降到攝氏十度以下，長達三個月都靜止不動。沒錯，這種鳥會冬眠。

一般來說，鳥類並不會冬眠，因為牠們沒有冬眠的必要，即便冬天下雪、食物短缺，只要拍拍上天賜予的翅膀前往溫暖的地方就沒事了，牠們不需要為了固守在寒冷的地方，特地改變自己的生理條件。

夜鷹科還有一些奇怪的鳥種：油鴟可以像蝙蝠一樣，透過聲音的反射掌握周遭環境；纓翅夜鷹會把翅膀伸展成巨大的旗幟，擺明了就是很難飛行的樣子。不知道為什麼，夜鷹科鳥類的演化都有些離奇，實在是不可思議呢。

18 科幻電影《終極戰士》的反派角色，是一種擁有高超擬態技能的外星生命體，阿諾．史瓦辛格飾演與之抗衡的主角。

鳥言鳥語

電影中登場的外星生命體終極戰士之所以能夠隱形，
靠的不是擬態而是光學迷彩，視覺上像是透明化，
融入了周遭的環境當中，屬於科幻世界的技術。

# 認識鳥類的方法

賞鳥人士的活動往往都很早開始，因為鳥類的一天從清晨，有時是從黎明前就開始了，早上很早的時間就一直在鳴叫與活動，越早走進大自然，與鳥類共處的時間就越長。

觀察野鳥的方式有很多種，雙筒望遠鏡、拍照、讀圖鑑、錄下美妙的聲音等等。眾人「追鳥」的方式也各不相同，有人一心一意追尋中意的鳥，有人想看很多種鳥，有人想找罕見的鳥。如果是想見鸌科、信天翁科這種在海上生活的鳥類，就要搭郵輪賞鳥，郵輪原本是交通工具，此時卻成了觀察地，船常常是一抵達目的地就掉頭折返。

不過，其實賞鳥也未必都要花費那麼大的工夫，鳥類隨時隨地無所不在，即便沒有任何準備，也能認識牠們。有時候只是盯著牠們一直看，牠們就出乎意料地靠上前來，也有可能隨地撿到美麗的羽毛。如果對羽毛有興趣，關注足跡、糞便等「生活痕跡」，也可以是認識牠們的一個方法，譬如說糞便中或許有未消化的食物殘留。

每位鳥友都有自己認識鳥的方式，只要選擇自己喜歡的方式認識牠們就好了。翱翔天際的鳥類移動範圍很廣，牠們棲息於各式各樣的環境中，與各種動植物都有密切的關係，觀察鳥類也許能讓你注意到大自然中生物與生物之間的關係，讓你的世界更加開闊。

第 6 章

# 鳥類的鳥知識

# 棕耳鵯到底有幾種?

喂，閃邊啦，把那個柿子給我!!
哇!!
hyo～!!
去那邊的森林吧。
什麼嘛，兇巴巴的。真是的。
啊。
咻——
那邊又有別的棕耳鵯來了!!
奇怪?不過和平常的不同顏色呢。
是啊，我是從北方來的喔。
北方的都是這種顏色喔。
不說這些了…我肚子好餓喔，你知道…
我的意思吧…?
ごごごごご…
*不懷好意…
喔，恐嚇方式也有點不同!!

棕耳鵯的分布從北海道到沖繩，小笠原和大東諸島等離島也都有牠們的身影，在日本全國都相當常見。牠們發出「hyo～hyo～」的叫聲，時而搗亂餵食台，時而盜食果實，是惡名昭彰的討厭鬼。不過放眼全世界，棕耳鵯的日本亞種就只分布在日本和朝鮮半島周遭，是遠東地區特有的鳥類，一想到只能在這裡見到牠們，不禁就冒出原諒牠們惡形惡狀的念頭了。

牠們的模樣若是更討喜一些，也許就會成為鄰家型偶像，可惜牠們的羽衣是樸素的灰褐色。棕耳鵯的羽色在北海道是亮灰色，往南會變成紅褐色，不同區域的色彩與外形不盡相同，因此日本的棕耳鵯分為八個亞種。最近的DNA分析結果發現，有兩個族群的遺傳性差異大到可以分為不同鳥種，一是奄美群島、沖繩諸島與宮古諸島的族群，二是大東諸島的族群。除此之外也發現本州周遭的棕耳鵯飛越了沖繩和宮古，與更南邊的八重山諸島族群為近親，而以小笠原諸島的情況來說，北部族群與八重山諸島的是近親，南部族群與本州以北的是近親。

日本的棕耳鵯未來也許會分成幾種，一種是近距離的陌生人，一種是遠方的親戚，為什麼分布方式會這麼錯綜複雜？飛翔是鳥類的特色，會飛翔才能製造出這種不可思議的現象，這也正是鳥類的魅力所在吧。

鳥言鳥語

緯度越低體色越濃的現象，
名爲「格斐傑定則」（Gloger's rule）。

# 烏鴉也是會滅絕的

夏威夷
長老!!族裡年輕人又被貓鼬攻擊了!!
還有很多生病的人!!
竟然…
年輕人本來就已經越來越少了…
有傳統的夏威夷鴉終於要滅絕了嗎…
嗚嗚——
長老!!我出去旅行一趟。
我回來一定會帶回更多夥伴!!
是嗎…拜託了。
大哥～
此時的東京
啊——好閒。
有沒有什麼有趣的啊?
就是啊。

烏鴉時而在公園攻擊小孩，時而站在希區考克的肩膀上[19]，漆黑的模樣讓人想起無限增生的修卡戰鬥員[20]。牠們在電線桿上築巢，也導致電線意外和農業損害層出不窮，日本各地，不對，世界各地都在驅逐烏鴉，畢竟各地的烏鴉都在增加，不管怎麼驅逐，損害都沒有消失。儘管如此，烏鴉還是有人生勝利組與喪家之犬之分。

夏威夷鴉顧名思義就是棲息在夏威夷島上的烏鴉，外觀與巨嘴鴉類似，都是全身漆黑，然而最後一次發現牠們的野生個體是在二〇〇二年，推測牠們在大自然中已經絕種了。關島的關島鴉也在二〇〇八年前絕種，羅塔島上的關島鴉則是減少到只剩五十對左右。

小笠原諸島的巨嘴鴉到戰前都還有繁殖紀錄，最後留下的紀錄是一九二〇年，後來就滅絕了，同一種烏鴉，卻在日本都市越來越多，衍生出各種問題。

人人喊打的烏鴉也是活在自然界的一種生物，失去了棲息環境，族群的存續也會受到威脅，尤其是在島嶼這種狹窄的特殊環境，影響又會更顯著。牠們未必都能無條件適應人類創造的世界，而且滅絕意謂著這種鳥具備的功能消失了。譬如說烏鴉是熱心的種子傳播者，要是牠們消失，植物相也會改變，可見無論烏鴉是增是減，都會產生一些問題。

19 英國驚悚電影大師，作品《鳥》是部鳥類災難片，預告片會出現烏鴉飛到希區考克肩上的畫面。

20 日本特攝片《假面騎士》中的邪惡組織成員。

鳥言鳥語

懸疑片大師希區考克一九六三年的作品《鳥》中
出現的就是烏鴉與海鷗一族的鳥類，
片中運用特效描繪出無數鳥類來襲的場景。

# 灰椋鳥和人類的城市攻防戰

從梅雨季尾聲的六月後半開始，每天傍晚都能看到一群灰椋鳥吱吱喳喳吵個不停，集合準備回歇息處，牠們是結束繁殖的成鳥或剛離巢的幼鳥。據說大型的灰椋鳥群歇息處在日本有超過兩百個，其中也有超過一萬隻聚集的大規模歇息處。日落時，歇息處附近的天空會有幾千隻的灰椋鳥群聚飛翔，場面相當壯觀。

灰椋鳥的歇息處大多是位在竹林或闊葉林，不過由於這些樹林都變少了，於是牠們進軍都市，搶用行道樹、公園綠地、建築物、橋面、電塔、看板等等。在都市裡不容易被天敵攻擊，冬天也很溫暖，即便白天去郊外覓食，傍晚也會回來都市裡的歇息處。

灰椋鳥在都市找到了新的安身之所，但是留下大量的糞便與羽毛，回歇息處前的鳴叫又相當嘈雜，所以總是惹人類嫌棄。有人就採取了一些驅趕的法子，例如擺放灰椋鳥討厭的貓頭鷹模型，或是製造牠們討厭的聲音。結果這些都沒效，也許是因為牠們沒多久就習慣了，甚至有些地方會委託鷹獵師，讓掠食者老鷹驅趕牠們，可是灰椋鳥只需要稍微移動到都市的其他地方就好。灰椋鳥視逆境如無物，看來，牠們與人類之間的攻防戰應該還有得打。

鳥言鳥語

由於農業損失，灰椋鳥會被列爲有害鳥獸的驅趕名單中，
每年日本人都會驅趕相當大量的灰椋鳥，
但也有些益鳥會幫忙吃農作物的害蟲。

# 烏鴉或黑鳶很可能是縱火犯

即便被處以「八不理」的村法[21]，也還有「二要」在，這二要就是在火災和喪禮時要加以協助，畢竟想要防止火勢延燒或傳染病，勢必都需要對受罰者伸出援手。

火災的起因可能是地震、打雷、父親[22]等不一而足，不過京都的烏鴉縱火已經成了大問題。京都的神社寺廟常常會供奉和蠟燭，巨嘴鴉喜愛脂肪多、營養滿分的和蠟燭，要是被叼走了就會引發野火。光是一九九九年到二〇〇二年間，就發生了七起肇事者可能是烏鴉的火災。不過這種火災純屬意外，在澳洲有一種會刻意縱火的猛禽類，這個國家的乾燥地方本來就會因為打雷等自然現象而引發火災，猛禽就從火災現場帶走著火的樹枝，到別的地方縱火。

發生火災時，小動物會竄逃出來，牠們鎖定的就是這些獵物，也就是說，火災是一種狩獵的手段。人類一直志得意滿認為用火是有智慧的行為，沒想到會被動物反將一軍，這件事是在二〇一七年發表的，不過澳洲當地的原住民應該從以前就知道了。目前已確認會縱火的猛禽類，其中一種是黑鳶。黑鳶在日本的形象，就是搶了豆皮在空中盤旋一圈的可愛鳥類，沒想到在國外卻還有縱火犯這樣黑暗的一面。黑鳶的英文是Black Kite，感覺滿符合縱火犯形象的。

21 指的是在村落社會中違反村法的人會受到村法制裁，共有十項村民的共同活動，火災和喪禮之外的活動，受罰者無法得到任何人的協助，形同被排擠於集體生活之外。

22 古代日本人害怕的四樣東西：地震、雷、火災、父親。

鳥言鳥語

澳洲佛塔樹屬植物要經過山林大火才會冒出芽來，可能是當地山林大火很多，才會有這樣的演化。

# 猛禽遊隼的近親不是老鷹，是……

鷹、鵰、鷲、隼都被稱為猛禽類，是生態系金字塔頂端的掠食者，牠們的共通點很多，彎勾的鳥喙可以撕扯肉，大鉤爪可以緊緊抓牢獵物，眼神也凌厲懾人，不過對被追殺的鳥類來說，這些共通點只會讓牠們不勝其擾。一般來說大型的鷹科鳥類俗名鵰或鷲，小型的是老鷹，不過其實牠們之間沒有明確的區別，同樣被歸類在鷹形目鷹科。熊鷹張開翅膀長約一百六十公分，可見有些老鷹還比小型的鵰鷲更大。

遊隼有很長一段時間被視為老鷹一族，歸類為鷹形目隼科，看到牠們攻擊鳥類或小動物的勇猛英姿，分在同一類好像也滿容易理解的。然而透過ＤＮＡ研究結果發現，遊隼與鷹形目在分類系統上完全無關。牠們也是掠食者，過著與其他掠食者相似的生活，結果才演化出了非常類似的外形，所以這只不過是類似「鬧雙胞」的一場誤會而已。

遊隼的近親反而是鸚鵡和麻雀，這樣說來，鸚鵡也有啄碎種子的強力鳥喙與擅於爬樹的利爪。仔細一看，遊隼也有一雙圓滾滾的眼睛，說牠們是近親好像也是滿合理的，下次有機會，請務必在動物園比較看看。

鳥言鳥語

擅長潛水的水鳥小鸊鷉也與長腳的紅鶴是近親，
鳥也不可貌相呢！

# 白頰山雀有社交咖也有閉俗咖

養過鳥的人應該都很清楚，即便是同一種鳥，不同個體的個性也不盡相同，其實野鳥的「個性」也不完全一樣，嚴格來說，應該是「每個個體都有自己傾向採取的行為模式」。

譬如說白頰山雀，冬天會群聚在森林中來去，不過有一些是積極穿梭各個團體的社交咖，有些則不太參與熱鬧的團體，也討厭人群（鳥群？），是閉俗咖。閉俗鳥總是會和同溫層的閉俗夥伴一起行動，而且閉俗個體不會在受人歡迎的地點繁殖，牠們傾向選擇沒有什麼其他個體的地方繁殖，原因可能是團體越大，團體內的競爭也會更激烈，牠們也許是想避免競爭。

為什麼我們會知道野鳥的個性？會產生這個疑問很合理。其實研究者會在白頰山雀的腳上裝上一種名為「PIT標籤」（被動式電子標籤）的裝置，電子標籤可以用來做CD、書或衣服的防盜或是追蹤食品產地。研究者在森林中遍設餵食台，同時裝上天線和記錄裝置，記錄裝上標籤的鳥類如何行動。這項調查可以挖出白頰山雀的隱私，譬如說哪隻跟哪隻感情比較好，以及行為傾向等等。

鳥言鳥語

最近GPS和記錄裝置越來越小型化、高性能化，
也因此在生物身上裝小型錄影機與探測器，查出牠們行爲
與生態的研究爲之盛行，名爲「生物紀錄」（bio-logging）。

# 灰椋鳥的群舞有規律之美

鳥類成群結隊飛舞的場面相當壯觀，整個鳥群組隊在飛行過程中一起改變方向的情景也令人讚嘆。聽說音樂劇的舞者在跳舞時，會側眼觀察隔壁舞者的呼吸與拍點，彼此配合，鳥類想必也有什麼樣的訣竅。

灰椋鳥一族會集結成龐大的鳥群，在回歇息處之前，數百到數千隻灰椋鳥恍如一隻巨大的阿米巴原蟲般扭動著改變形狀，在日落的天空下飛舞。義大利以3D分析個體在鳥群中的位置，發現個體之間似乎都會保有一個「排他空間」以避免撞擊。個體與個體間的最短距離大於體長（約二十公分），與翼展長（約四十公分）差不多，就像我們會水平抬起雙手，藉此決定一個「不能更靠近」的範圍一樣。而且，灰椋鳥的個體在鳥群中只會調整自己與周遭六、七隻個體的位置和速度，不會在意更遠的個體有什麼動作。

每個個體都調整自己與周遭個體的距離，透過這個方法就能讓整個龐大的灰椋鳥群得以協調，要是有成員注意到掠食者而開始閃躲，整個鳥群也會隨之採取行動。鳥群就像是一個擁有很多眼睛在戒備的生物，不過若是有數千隻鳥的眼睛在監看，反而讓人擔心一輛「多頭鳥車」在返回歇息處的路途上，會不會也一波三折。

鳥言鳥語

小紅鶴會集結成龐大鳥群這件事也很出名，
數量多的時候，甚至會到一百隻喔。

# 海鳥的糞便累積久了會成為礦石

你知道嗎？這世界上，
竟然有糞便堆積起來的島嶼喔。
哇——
好像是海上的鳥一直在同個地方排便，堆積成了一座山。
那個島嶼對很多生物都有貢獻喔。
對了，棕耳鵯的糞便好像也能讓樹木增加呢！
哇—
拉個屎就有貢獻，超棒的啦。
緊急停車鍵
請小心鴿子糞便！
危險
希望我們的糞便也有什麼貢獻啊。
就是啊。

浩瀚的宇宙之內還有遼闊的天空，鳥類在這個空間所占的比例應該連百分之零點零零一都不到，但是，為什麼鳥糞卻會掉在我外套肩膀上呢？

既然機會如此難得，這個時候就來觀察鳥糞吧！鳥糞又分為惡魔黑與天使白兩部分，惡魔黑就是糞便，天使白不是糞便而是尿。鳥的尿液是尿酸的結晶，幾乎不含水分，而且糞與尿都是從泄殖腔這個洞中排出，所以會一起掉下來。

鳥的排泄物中有時候會有種子、昆蟲卵或活生生的蝸牛，牠們透過糞便這個交通工具移動，擴大分布範圍。魚食性鳥類的排泄物中含有大量的氮與磷酸，這些也是肥料的主要成分，有助於植物的生長。有鸕鶿、短尾信天翁等魚食性鳥類的地方，排泄物經年累月積累下來，會形成鳥糞石或磷鹽岩這種資源。位於南太平洋的諾魯共和國（Repubic of Naura）是知名的鳥糞石產地，他們出口唾手可得、取之不竭的鳥糞石，成了稅金、醫療費、電費全免的天堂。然而鳥糞石其實是有限的，二十世紀末時已經枯竭，天堂生活宣告終結後，現在這個國家反而需要他國的援助才能重建。

鳥的排泄物落在肩膀上就只是個天大的麻煩，但是對生態系和人類來說，都可能是很重要的一環。

鳥言鳥語

美國的「鳥糞島法」（ 八五六年通過）規定鳥糞堆積的島嶼在沒有他國政府管理的情況下，美國公民可占有該土地，人類眞的把鳥糞石視若珍寶呢。

# 大意的鳥兒被蟲吃

我之前看到蟲子被植物吃掉了耶。
這種
啊～
確實有這種植物。
我之前也看到麻雀被蜘蛛網纏住了。
啊～
牠們都很笨嘛!!
不過…
我們才不會那麼兩光呢!!
對啊。
…啊!!有烏龜耶，來欺負他吧。
嘿，龜兒子～
嘿…
哇咧—!!?
咬!!

生態系呈現金字塔結構，老鷹吃小鳥，小鳥吃蟲，蟲吃植物，但是把小型鳥當獵物的不是只有老鷹，山野裡的狐狸、鼬鼠等肉食哺乳類，農地的紅頭伯勞，都市裡的烏鴉都會攻擊牠們，可以想見，掠食者總是對牠們虎視眈眈。

話雖如此，小型鳥也會吃金字塔底層的蟲子，所以算是一物剋一物。這種穩固的金字塔結構支撐著整個生態系，下層物種為上層物種的食物，這件事在生態系中具有很重大的意義。

然而，有時候也會發生下剋上的情形，就好比捕蠅草也會捕蟲，又好比白頰山雀竟然會落入橫帶人面蜘蛛的網中被吃掉，中華大刀螳也會捕捉小型鳥，平常被鄙視為食物的對象不時會發動逆襲，真的是所謂「蟲急吃鳥」，不可輕敵。

而且敵人不會只在陸地上，鷺鷥吃魚，一旁的鱉就把小型鳥拖下水，歐洲巨鯰還會把鴿子整隻吞下肚。這個世界危機四伏，沒有什麼是絕對安全的，這樣倒是讓人期待麻雀對老鷹報一箭之仇的那一天，如果出現了一隻嘴喙血淋淋的麻雀，也許代表著新的政變拉開了序幕。

鳥言鳥語

大型魚浪人鰺會趁烏領燕鷗靠近海面捕魚的時候吃掉牠們，在大自然裡真的不能掉以輕心呢。

# 雉雞被選為日本國鳥要歸功於桃太郎

「如果」這種假設性話題在歷史上沒有意義，可是如果《勞動基準法》再早一點施行，我們荷包的厚度應該會和現在不一樣了。

日本鳥學會在一九四七年討論決議出日本的國鳥，他們先撇下了象徵和平的鴿子、翱翔天際的雲雀，最後演變成銅長尾雉和日本綠雉釘孤支的局面。日本綠雉在雙方陣營大眼瞪小眼的局勢中勝出，公布的理由如下：日本綠雉是日本特有種、全年可觀察、優雅、美味。話是這樣說沒錯，不過銅長尾雉也有這些特色。

致勝的關鍵還是讓日本綠雉深入人心的桃太郎效應，雉雞從事的是打鬼這種高風險的活動，結果竟然只換來一個飯糰，多虧了這個現代不允許的黑工活動，日本綠雉成了日本代表，甚至還在一九八四年獲選為一萬元日幣的鈔票圖案。

當時日本綠雉（*Phasianus versicolor*）還是日本特有種，但是現在的日本鳥學會已經把牠們與歐亞大陸的環頸雉（*Phasianus colchicus*）分類為同種了。回過頭來，銅長尾雉如今依然是日本特有種，可見分類也是會因時、因人而異的。要是國鳥票選再晚個幾年，銅長尾雉可能就會得到登上鈔票的殊榮吧，後來可能也是因應這個分類的改變，二〇〇四年的一萬元鈔票圖案捨棄日本綠雉，改成了鳳凰。囂張果然沒有落魄得久，善哉善哉。順帶一提，長野縣有「銅長尾雉報恩」的傳說故事，如果長野縣民比岡山縣民[23]更愛說故事的話……

23 桃太郎是源自岡山縣的民間故事。

鳥言鳥語

一萬元鈔票的圖案採用了京都平等院鳳凰堂屋頂上的鳳凰像，
十元硬幣的正面圖案也是鳳凰堂，
屋頂也可以看到小小的鳳凰像。

# 有些蟲子甘願以鳥巢為家

唉呀，這裡住起來真的很舒適耶。
有食物吃，溫度也剛好。
悶熱──
而且很暗，方便帶小孩，
可以在這裡活一輩子了吧。
我能找到這種好地方真是幸運……
咬
……嗯？
怎麼樣？那隻蟲好吃嗎？
嗯──不好說。
吞下

三隻小豬能以稻草、木頭和紅磚蓋房子，是因為即便牠們的前腳只能出剪刀但依然堪用，而鳥類的前肢已經變成翅膀了，沒辦法用來築巢，相對地，牠們能夠靈巧使用鳥喙和後肢。旁人眼裡看來簡單，但是築巢想必相當消耗體力，費盡千辛萬苦築好的鳥巢卻只有本人可以用實在很浪費，因此經過有點環保意識的上帝安排，鳥巢也會為其他生物敞開大門，被昆蟲當作棲息地。

褐鏽花金龜（*Poecilophilides rusticola*）是一種罕見的金龜子，雖然不知道牠們以前都住在哪裡，但是最近發現牠們會在蒼鷹的鳥巢出沒。蕈蛾科的蛾也是愛好鳥巢的昆蟲，小笠原諸島有些鸌鳥會在地面築巢，有些蕈蛾科蛾類就只能在這些鸌鳥的鳥巢中找到，另外，像是長尾林鴞、鸊鷉、鷺鷥、鸛鳥的巢裡，也住著各式各樣的昆蟲呢。

鳥巢不會受到陽光曝曬、沒有風吹雨打，環境舒適，雛鳥吃剩的東西也是昆蟲的食物，而對鳥類來說，幫忙吃掉有機物的昆蟲，可能扮演著清理鳥巢的幫傭角色吧。這樣一來，牠們就是禮尚往來的關係了。不過住在老鷹巢裡的昆蟲好像可能會被一家之主吃掉，本來是當包住的傭人，實際上卻被當成非常時期的糧食，真是血汗的職場社畜啊！

鳥言鳥語

有些誕生於鳥巢的蛾幼蟲會吃角蛋白，
雛鳥羽毛長長時會掉落角蛋白，
牠們吃的就是這些屑屑。

# 主要參考文獻

本書參考了相當多的研究，在此對先賢留下的重要成果表達敬意與謝意。

赤塚隆幸（2004）エナガ巣に利用された羽毛巣材の量と鳥種および営巣時期と羽毛量の関係. Strix 22:135-145. / Alpin LM et al. (2013) Individual personalities predict social behaviour in wild networks of great tits (*Parus major*). Ecol Lett 16: 1365-1372. / 青山怜史ほか（2017）オニグルミの種子の重さによる割れやすさ：ハシボソガラスは，どんな重さのクルミを投下すべきか. 日鳥学誌 66: 11-18. / Ballerini M et al. (2008) Empirical investigation of starling flocks: a benchmark study in collective animal behaviour. Anim Behav 76: 201-215. / Bonta M et al. (2017) Intentional fire-spreading by 'Firehawk' raptors in Northern Australia. J Ethnobiol 37: 700-718. / Bures S & Weidinger K (2003) Sources and timing of calcium intake during reproduction in flycatchers. Oecologia 137: 634-641. / Evans SW & Bouwman H (2000) The influence of mist and rain on the reproductive success of the blue swallow *Hirundo atrocaerulea*. Ostrich 71: 83-86. / Farah G et al. (2018) Tau accumulations in the brains of woodpeckers. PLoS One 13: e0191526. / 藤巻裕蔵（2012）低温での鳥の姿勢. 山階鳥類学雑誌44: 27-30. / Hackett SJ et al. (2008) A phylogenomic study of birds reveals their evolutionary history. Science 320: 1763-1768. / 濱尾章二ほか（2005）サギ類の餌生物を誘引・撹乱する採食行動–波紋をつくる漁法を中心に. Strix 23: 91-104. / Higuchi H (2003) Crows causing fire. Global Environ Res 7: 165-168. / 本間幸治（2017）スズメの水浴び・砂浴び行動. 日鳥学誌 66: 35-40. / Honza M et al. (2007) Ultraviolet and green parts of the colour spectrum affect egg rejection in the song thrush (*Turdus philomelos*). Biol J  Linnean Soc 92: 269-276. / 川上和人ほか（2016）ハシブトガラスによるニホンジカに対する吸血行動の初記録. Strix 32: 193-198. / Kondo N et al. (2012) Crows cross-modally recognize group members but not non-group members. Proc R Soc B 279: 1937-1942. / 黒田長久（1972）琉球の春の鳥類調査. 山階鳥研報 6: 551-568. / 槇原寛ほか（2004）ワシタカ類の巣で生活するアカマダラハナムグリ. 甲虫ニュース148: 21-23. / 松田道生（1997）エナガによるシジュウカラの巣への給餌例. Strix 15: 144-147. / Matsui S et al. (2016) Badge size of male Eurasian tree sparrows *Passer montanus* correlates with hematocrit during the breeding season. Ornithol Sci 16: 87-91. / 松澤ゆうこ（2013）シジュウカラの採食行動を模倣するスズメ. Strix 29: 143-150. / Mumme RL (2014) White tail spots and tail-flicking behavior enhance foraging performance in the Hooded Warbler. Auk: 131: 141-149. / Saito T (2001) Floaters as intraspecific brood parasites in the grey starling *Sturnus cineraceus*. Ecol Res 16: 221-231. / 齋藤武馬ほか（2012）メボソムシクイ*Phylloscopus borealis*（Blasius）の分類の再検討：３つの独立種を含むメボソムシクイ上種について. 日鳥学誌 61: 46-59. / Sugita N et al. (2016) Origin of Japanese white-eyes and Brown-eared bulbuls on the Volcano Islands. Zool Sci 33: 146-153. / Suzuki TN (2014) Communication about predator type by a bird using discrete, graded and combinatorial variation in alarm calls. Anim Behav 87: 59-65. / 高木昌興・高橋満彦（1997）スズメ目鳥類３種のトビの巣における営巣記録. Strix 15: 127-129. / Tanaka KD & Ueda K (2005) Horsfield's hawk-cuckoo nestlings simulate multiple gapes for begging. Science 308: 653. / 塚原直樹ほか（2006）ハシブトガラス*Corvus macrorhynchos*における鳴き声および発声器官の性差. 日鳥学誌 55: 7-17. / 上田恵介（1999）日本南部の島々におけるメジロ*Zosterops japonica*の盗蜜行動の広がり. 日鳥学誌 47: 79-86. / 渡辺靖夫・越山洋三（2011）コガネムシ上科の幼虫を巣上で食べたサシバの観察記録. 山階鳥類学雑誌43: 82-85. / 山口恭弘ほか（2012）鳥類によるヒマワリ食害. 日鳥学誌 61: 124-129. / York JE & Davies NB (2017) Female cuckoo calls misdirect host defenses towards the wrong enemy. Nat Ecol Evol 1: 1520-1525. / Yosef R & Whitman DW (1992) Predator exaptations and defensive adaptations in evolutionary balance: no defense is perfect. Evol Ecol 6: 527-536.

# 和路邊的野鳥做朋友
## 超萌四格漫畫，帶你亂入很有戲的鳥類世界
## トリノトリビア 鳥類学者がこっそり教える 野鳥のひみつ


監修・作者　川上和人（Kawakami Kazuto）、
作　　　者　三上可都良（Mikami Katsura）、
川嶋隆義（Kawashima Takayoshi）
作者・漫畫　松田佑香（Matsuda Yuka）
原書設計　室田潤
校　　　訂　葛兆年
譯　　　者　陳幼雯
封面設計　比比司設計工作室
內頁排版　高巧怡
行銷企劃　蕭浩仰、江紫涓
行銷統籌　駱漢琦
業務發行　邱紹溢
責任編輯　何韋毅、賴靜儀
總 編 輯　李亞南
出　　　版　漫遊者文化事業股份有限公司
地　　　址　台北市103大同區重慶北路二段88號2樓之6
電　　　話　(02) 2715-2022
傳　　　真　(02) 2715-2021
服務信箱　service@azothbooks.com
網路書店　www.azothbooks.com
臉　　　書　www.facebook.com/azothbooks.read
發　　　行　大雁出版基地
地　　　址　新北市231新店區北新路三段207-3號5樓
電　　　話　(02) 8913-1005
訂單傳真　(02) 8913-1056
二版一刷　2024年6月
定　　　價　台幣420元
I S B N　978-986-489-951-7





原書執筆　川上和人
P15, 17, 19, 21, 29, 31, 35, 51, 55, 57, 63, 65, 77, 83, 89, 95, 107, 109, 111, 121, 125, 141, 143, 145, 147, 155, 165, 169, 171, 175, 177, 183, 185, 187, 189
三上可都良
P23, 25, 27, 41, 49, 59, 61, 71, 73, 75, 79, 81, 85, 91, 93, 113, 117, 123, 127, 131, 133, 159, 163, 173, 179, 181
川嶋隆義
P33, 37, 39, 43, 45, 47, 67, 69, 97, 99, 101, 103, 115, 119, 129, 135, 137, 149, 151, 153, 157, 161





國家圖書館出版品預行編目 (CIP) 資料

和路邊的野鳥做朋友：超萌四格漫畫，帶你亂入很有戲的鳥類世界 / 川上和人作；松田佑香漫畫；陳幼雯譯. -- 二版. -- 臺北市：漫遊者文化事業股份有限公司出版：大雁出版基地發行, 2024.06
192 面；14.8 × 21　公分
譯自：トリノトリビア 鳥類学者がこっそり教える 野鳥のひみつ
ISBN 978-986-489-951-7( 平裝 )
1.CST: 鳥類 2.CST: 漫畫
388.8　　113006650